物联网

技术发展、机遇与挑战

林昕杨　著

INTERNET

OF

THINGS

人民邮电出版社

北京

图书在版编目（ＣＩＰ）数据

物联网技术发展、机遇与挑战 / 林昕杨著. -- 北京：
人民邮电出版社，2019.4（2019.4 重印）
ISBN 978-7-115-50269-8

Ⅰ. ①物… Ⅱ. ①林… Ⅲ. ①互联网络－应用②智能
技术－应用 Ⅳ. ①TP393.409②TP18

中国版本图书馆CIP数据核字(2018)第277917号

内 容 提 要

随着 5G、云计算和人工智能等领域技术的快速发展，物联网已经从概念阶段稳步跨入实际应用阶段，并且其行业应用效果凸显，且呈现出从琐碎化到系统整体化的发展趋势。为了便于读者了解当下物联网的技术原理、使用价值和商业价值，本书通过 10 章内容详细介绍物联网的技术、架构、商业化过程以及物联网在工业领域的典型应用。

本书可作为物联网行业的管理人员、工程技术人员、行业研究人员、市场开发人员的专业参考书，也可作为了解物联网知识及行业发展的科普读物。

◆ 著　　　　林昕杨
　　责任编辑　牟桂玲
　　责任印制　马振武

◆ 人民邮电出版社出版发行　　北京市丰台区成寿寺路 11 号
　　邮编　100164　电子邮件　315@ptpress.com.cn
　　网址　http://www.ptpress.com.cn
　　北京捷迅佳彩印刷有限公司印刷

◆ 开本：700×1000　1/16
　　印张：14.5　　　　　　　　　2019 年 4 月第 1 版
　　字数：188 千字　　　　　　　2019 年 4 月北京第 2 次印刷

定价：49.00 元

读者服务热线：(010)81055410　印装质量热线：(010)81055316
反盗版热线：(010)81055315
广告经营许可证：京东工商广登字 20170147 号

物联网时代的美好生活

以前……

现在是 7:00，你着急去上班，可是怎么也找不到车钥匙。你多希望车钥匙内置电话芯片，拨一下电话号码它就会响，这样你就可以循着声音找过去。可偏偏没有，它根本听不到你的呼唤。

类似的情况可能还有好多，你可能找不到你的手表、钱包、身份证、结婚证，这些属于你的东西可能在某一刻跟你断了联系。

现在是 8:00，你在超市里买菜，货架上的蔬菜非常新鲜，像刚从菜地里摘的一样。不过，这样的"完美"倒是引起了你的怀疑，因为你记得报纸上说过各种植物催熟剂和对人体有害的庞大剂。你把菜翻来覆去地检查，但并没有找到一丝线索，你甚至拍了一张照片发到微信朋友圈咨询大家的意见，但没有人能告诉你这菜到底是什么来头。看起来，你跟这些即将入口的蔬菜也错失了某种联系。

现在……

现在是 9:00，你从超市回到家，发现门口有一大箱的猫粮。你并不记得什么时候买过猫粮。这时候，手机发出提示消息：你家的猫粮储藏罐检测到猫粮快要耗尽，所以自动开启了代下单模式，同款的猫粮已经自动配送到你的收货地址。你对这种方式很满意，看起来，你的猫已经提前过上了"饭来张口"的生活。

现在是 10:00，你的手机又响了，不过这次却不是什么好消息。大约在 10 分钟之前，你驾车回家途中违规并线，交通管理局已经对你的爱车进行了拍照记录，相关的处罚消息实时推送到你的手机上。而且在违章的那一刻，交通管理局的摄像头就已经记录了你的车牌信息。后台显示，你因为多次违章，需要重新参加交规考试。哎，真是天网恢恢疏而不漏啊！

现在是 15:00，1 小时后你在天津有个会要开，所以你顾不上收拾东西就往高铁车站赶。车站人很多，大家都在有序排队。你正在翻找身份证和车票，这时车站工作人员亲切地提示你，因为有了人脸识别技术、物联网技术和手机 NFC（Near Field Communication，近距离无线通信）技术，无需身份证和车票，只需通过闸口的扫描检验即可快速乘车。你暗自庆幸，这真是太方便了，尤其对自己这样的"马大哈"，有了这些设备，以后可就省心多了。

现在是 22:00，你拖着沉重的脚步回到家。刚到门口，门口的扫描器就滴滴响了，你推开门，看见门口显示屏上的显示：体温36.8℃，皮肤略干，身体疲惫指数4.5，建议您泡个澡好好休息，祝您晚安。你走进客厅，饮水机自动放出50℃左右的温水，蓝牙音箱自动播放你喜欢的音乐，浴缸自动放满温水等着你好好泡个澡……

以上这些并不是什么小说、电影里的情节，它是你正在面临的场景和即将可以体验到的生活。这些也不是什么特别的高科技，它只是物联网时代最普通的生活方式而已。

这一切，正是物联网为我们绘制的美好蓝图的一小部分。未来，你的私人物品跟你有连接、外界的信息跟你有连接，甚至在物与物之间也会建立起关联和数据交流的网络，而这一切的最终结果就是，当我们处在一个更加多元、更加复杂的社会的时候，物联网会以智慧的方式带来更舒适的生活。

我国传统文化中其实早就提出了"天人合一"的思想，不过在那个年代，天人合一还只是一种思考问题的角度，无法落到实际中。而现在，借助四通八达的信息网络、传感器、云计算和智慧化设备，人正在跟"天"合为一体。在这个实时、透明、高效、人性的体系中，人不再是简单地"改造自然"，而是变成感知自然、融入自然、享受自然。当世界从互联网（Internet）发展到物联网（Internet of Things），外界第一次被融入物联网这张无所不包的网络中，也被提升到跟我们自身和谐共荣的新高度。

1995年，比尔·盖茨在其著作《未来之路》中畅想了一个物联的美好未来。"哪一家商店在明天早晨以最低价把一个测量你脉搏的手表送上门？""当你发出相应的指令之后，便可以一边开车一边等待计算机系统打印或者是聆听系统通过语音方式朗读出来的信息。"现在看来，当时天马行空的设想在 23 年后的今天正一项项变成现实。"不出户，知天下"，物理世界与信息世界融合的大幕已经开启。

可以想象，从现在开始的又一个 23 年，我们今天所进行的很多物联网研究和探索也必将成为现实，那将不再只是一个智能化的时代，更是从观点到系统的变革。

未来已来，大幕开启后的舞台等待着更精彩的表演！

我们，活在物联网时代的我们，必将见证或者成为这种改变世界的力量，迎接一个更美好的物联网时代的到来。

中国管理科学研究院副院长兼企业管理创新研究所所长

京 WORK- 北京码头智库创始人

陈贵

2018 年 12 月 28 日

物联网革命

长期停滞与科技革命

生活在现代社会的人们似乎已经习惯了 GDP（国内生产总值）每年都有所增长。对他们来说，GDP 每年 3% 左右的增长是必需的；对于像中国这样的高增长型发展中国家，7% 左右的增长是一个及格数字，10% 左右的增长才能让人满意。但如果让我们将"时间镜头"切换至几百年、上千年前，我们不得不承认一个事实，那就是经济发展长期停滞在一个水平的时间曾经持续上千年，如果用 GDP 的衡量标准，在这些停滞期中，GDP增速为零的时间可以长达千年。

石器时代。在这长达 300 万年的岁月里，人类只能制造石器和简单的陶器，过着最原始的生活，世间的一切力量似乎都值得他们敬畏。猛兽、洪水、火灾、干旱时刻威胁着他们的生命，人类在自然面前如同无助的婴儿。考古发现，石器时代又分为旧石器时代、中石器时代和新石器时代，大约在距今 1.8 万年前，世界进入了新石器时代，以磨制石器和简单陶器制造为标志。

青铜器时代。在新石器时代，人类开始学会了冶炼和铸造青铜器，社会治理也开始从小部落进化到一定规模的国家，人类不用再天天吃半生的烤肉，部分人可以用鼎煮东西吃。也许"钟鸣鼎食"这个词几千年后才出现，但在这个时候，统治者已经可以达到这样的水平了，虽然长期使用青铜器烹调食物会造成慢性中毒。

铁器时代。铁器的使用对社会的发展有着巨大的意义，由于青铜器不易铸造，所制造的生产工具并不比陶器好，只是比陶器坚固耐用一些，但铁器用于农业生产后对农业发展起到了非常大的推动作用，世界各个地区也普遍地从原始社会进入到奴隶社会。

就这样，人类终于在 18 世纪迎来了第一次工业革命。以上对于各个时代的划分是比较粗略的，世界有些地区可能早或者晚几百年进入某个时代，每个时代又孕育着下一个时代，但从人类社会发展整体来看，上述的时代划分足以说明人类社会发展的脉络。通过对人类历史的回顾，我们发现一个有趣的事实：从石器时代到青铜器时代，人类用了约 300 万年；从青铜器时代到铁器时代，人类用了约 4000 年；从铁器时代到工业社会，人类用了约 2000 年，工业时代前的社会科技发展虽然很缓慢，但一直在加速。

在人类文明发展比较完整的两个地区——西欧和中国，在长达 1500

多年的时间里,人均 GDP 水平长期停滞于 600 美元以下。11 世纪西欧国家因商业贸易的兴起,人均 GDP 超过了中国,但人均 GDP 水平的迅速增长最终还是来自于工业革命。18 世纪后,西欧和中国的人均 GDP 形成了鲜明对比,当时中国科技发展依然处于停滞状态,同时受到外敌入侵,人均 GDP 从停滞走向下滑。

我们在这里回顾人类的发展历史,主要是为了让读者感受科技革命是人类社会发展和财富增长的根本力量,人类社会从数百万年的停滞,到数千年的停滞,再到进入工业社会后,人均 GDP 每年以 3% 左右的速度增长是多么的不可思议。

在人均 GDP 停滞状态下,一国的综合实力实际上等于人口数量,人口数量越大,整个国家的 GDP 越高,国家实力越强。工业革命发生后,西方发达国家人均 GDP 水平在不到 200 年的时间里增长了 10 多倍,所以我们看到了 16 ～ 20 世纪时期的英国殖民扩张。

弯道超车,还是引领时代

就在中美贸易战你来我往、唇枪舌剑,打得不可开交的时候,讨论物联网的发展更加具有紧迫性。贸易战的背后是美国对中国迅速崛起的忌惮,更是美国对自己地位的担忧。

然而,领先国家试图维护其领先地位的贸易战,如同落后国家的"弯道超车"策略一样徒劳无功,贸易战或许能缓解追随国对领先国的挑战,"弯道超车"或许能够获得几个产业的领先地位,但无法实现追随国到领先国的跃变。但是,物联网时代的到来却给了这样一个机会:追随国能够全面挑战领先国!

在这里，我想用这样一句话概括物联网时代的意义：民族之机，时代之机，个人之机。近代史上最典型的追赶国对领先国的挑战莫过于日本之于美国。第二次世界大战后的日本借助国内外的发展机遇，在纺织、钢铁、化工、机械制造、汽车等多个行业，实现了弯道超车，但最终却在互联网时代一败再败——从"失去的 10 年"到现在的"失去的 20 年"。所以追随国想要跃变成领先国，必须在引领时代的主导产业上取得领先地位，这是物联网带给我们的"民族之机"。

时代之机和个人之机则是一方面上升到人类群体这个宏观层面上探讨物联网的意义，另一方面深入至个人发展这个微观层面上探讨物联网的意义。物联网对人类来说，最大的意义在于带领人类进入万物互联的智能时代，将人类从简单重复的劳动中解放出来，人类的才智和时间将更多地用于创造性劳动及享受闲暇。对个人来说，物联网时代的到来又是另一个创富机遇，互联网时代及移动互联时代以惊人的速度创造了大批富豪，其数十年间获取的财富远远超越传统社会几代人积累的财富。物联网时代的财富积累速度会更快，个人所能获得的财富规模也会进一步挑战人类的想象力。

三轮驱动，未来已来

把握机遇似乎是这个世界上最难的事情，如同从互联网时代到移动互联时代一样，当智能手机已经大规模普及的时候，我们才恍然大悟：原来我们已进入了移动互联时代。那么物联网时代到底处于什么阶段呢？

那就是：未来已来。

首先，支撑物联网的 3 个关键技术（传感器技术、RFID 技术、嵌入式系统技术）已经成熟。物联网广域通信技术已经成熟，高速率、高可靠性、大容量的 5G 通信技术开始商用测试，覆盖广、连接多、功耗低、成本低的基于蜂窝的窄带物联网（Narrow Bond Internet of Things，NB-IoT）技术也已成熟。其次，具体场景下人工智能技术成熟，于是物联网所要求的万物交互互动有了坚实的技术基础。AlphaGo 战胜围棋世界冠军，并能够通过自我学习战胜自己，这是人工智能技术在具体场景下成熟的典型例证。最后，区块链技术的成熟，其公开、透明、唯一性、难以篡改和去中心化的特征解决了万物互联的数据管理问题。这三项技术如同物联网的三驾马车，驱动和支持着物联网时代的到来。而国与国之间日趋激烈的竞争，又带来众多物联网发展的支持政策。

物联网时代带来的人与物、物与物之间互动方式的改变，将深刻影响人类社会的方方面面，从经济、政治、文化层面重塑人类社会的形态，物联网时代到来的意义不亚于一场革命。

林昕杨

于上海高科商务中心

2018 年 12 月 21 日

目 录

物联网，未来已来

　　想象一下，将来的某一天我们的生活将像电影《2001：太空漫游》和《少数派报告》中一样，身边的事物都可以与我们产生互动。每天醒来睁眼的同时窗帘自动拉开，洗脸时镜子上自动显示当日路况和天气，厨房里的咖啡机感应到你起床已经提前煮好了咖啡，私人虚拟助理替你选好了当天的衣服，出门坐上无人驾驶汽车前往上班的自动化大楼，人脸识别门禁系统让你不需多停留就进入公司，办公室的恒温感应器让你的工作环境保持恒温恒湿……事实上，这些场景早已不仅仅是科幻电影的专属。随着物联网技术的快速普及与商业化，万物互联的生活方式正快速地进入我们的现实生活。

　　举个简单的例子，国内的硬件科技公司小米旗下的物联网平台正在用自己的能力让我们享受到科幻电影里的场景。米家平台已经连入了超过8500 万个终端，每日活跃度超过 1000 万。仔细观察米家的硬件产品，我们就能深刻地体会到什么是物联网生活方式：小米电视、电视盒子、空气净化器、净水器、恒温壶、PM2.5 检测仪、扫地机器人、电饭煲、路由器、运动手环、电动滑板、体脂秤、智能摄像机、床头灯、吸顶灯、智能音箱、投影电视，等等。想象一下，生活中的设备还有什么是没被覆盖到的呢？所有的这些设备都具备联网能力，通过在运行中收集数据并做出反应，它们相互配合，让我们的生活更加智能化、自动化。

　　这不仅仅只是一个幻觉。事实上，商业世界里，物联网已经成为一股席卷整个产业的旋风。由于应用场景多，潜力巨大，国内的物联网市场在过去几年内经历了一个极高速度的增长。在 2012 年，物联网概念提出的早期，整个市场规模只有 3650 亿元，而在市场的支持与各个厂商的大力投入下，2018 年整个物联网市场的规模会达到 1.5 万亿元（见图 1）。

图 1 国内物联网市场的规模

这种市场热情的出现并不是没有理由的。随着整个产业链成本的降低、技术的进步，新产品研发与商业化转化的步伐越来越快，成本也不再像过去那样高昂。物联网设备已经到了爆发的最好时机，各方面的原因都在推动着这个新兴行业在转眼间"颠覆"整个商业世界。图 2 展示了近年来严格意义上的物联网连接设备增长的状况及之后整个市场存量的预测。

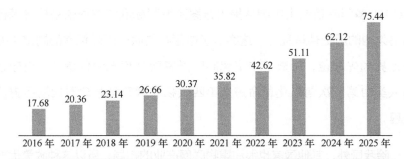

图 2 物联网连接设备增长的状况以及之后整个市场存量的预测（单位：亿台）

从硬件成本上来讲，物联网爆发已经成为必然。在上游产业链中，随着摩尔定律的不断累积，半导体成本在过去 3 年内降低了 50%，MEMS（Micro Electro Mechanical Systems，微机中系统）传感器成本下降了 35%，其他技术成本也有极大的下降，例如 RFID（Radio Frequency

Identification，射频识别）标签的成本从 15 美分降低到 5 美分，下降接近 67%；数据存储的成本从 2010 年的每吉字节 25 美分降低到 2.5 美分，这给数据传输与存储提供了良好的基础条件。此外，随着工艺水平以及设计水平的不断提升，传感器的最小体积已经可以达到 $1mm^2$ 的等级，这给传感器的布置降低了难度，能够让更多精密设计的仪器与设备重新改造成为物联网时代的一分子。

物联网不仅是在客观条件上已经到了爆发的前夕，国家的各种政策也在一步一步地有序推出。这种政策的主观孵化让数以千计的创业者、学者看到了行业发展的活力，从而更加努力地推动整个行业的快速进步。例如，我国学界也在此支持下不断地在国际上发声并获得了相应席位。2014 年 9 月 3 日，国际标准化组织（ISO/IEC JTCI）的 33 个成员投票表决，通过了由中国提出的物联网体系架构国际标准，正式宣告中国获得了世界物联网最高国际标准制定权，开创了 ISO 60 多年、IEC 100 多年来首次由中国从提出方案到编写标准的主导未来信息基础网络架构的历史性里程碑。这突显了中国在物联网国际标准的制定中处于世界领先地位，彰显了中华民族的无穷智慧和无限创造力，也标志着人类由第三次信息化革命进入第四次物联网智慧革命时代的历史性进程。

除我国外，其他国家也很注重物联网产业的布局，所以这种政策优惠更像是一场全球的竞争，得先机者得天下。这种政策导向引起了资本市场的巨大反应，在过去几年中，大量的物联网产业的并购、投资（见表 1）进入我们的视野，金额之大、速度之快都是前所未有的。这种资本的密集扎堆同时也促进了整个行业在人才与技术方面的更新与集中，给整个行业爆发提供了良好条件。

表 1　物联网产业的部分并购事件

时间	并购企业	被并购企业
2014 年	安森美	Truesense
	微芯科技	创杰科技
	Atmel	NewportMedia
	InvenSense	Movea
	U-Blox	ConnectBlue
	高通	Wilocity
2015 年	沃达丰	Cobra
	MegaChips	SiTIme
	安森美	AptinaImaging
	高通	CSR
	赛普莱斯	Spansion
	谷歌	Nest
	恩智浦	飞思卡尔
	ARM	SMD
	ARM	Wicentric
2016 年	Avage	博通
	英特尔	Altera
	诺基亚	阿卡尔特朗讯
	思科	Jasper Technologies
	赛普拉斯（Cypress）	博通物联网部门
	日本软银集团（Soft bank）	英国芯片设计公司 ARM

续表

时间	并购企业	被并购企业
2017 年	高通	恩智浦
	Gartner	Machina
	高新兴	中兴物联
	英特尔	Mobilieye
	三星	Harman
	Verizon	Skyward
	Osram	Digital Lumen
	Avnet	Dragon Innovatiom
	HPE	CTP
	Altran	GlobalEdge
	Trumpf	C-Labs
	Prodea	Arrayent

这种不断的并购事件反映了整个行业的发展热情以及未来行业的规模。多方面因素共同作用的物联网行业已经走到了爆发边缘，随着市场热度的升高，物联网走上风口是自然而然的事。

但从另一个角度来讲，物联网在当下的爆发并不是一个偶然，而是多种技术同时成熟而导致的最终结果。当下潮流的热词，如大数据、云计算、5G、芯片、AI、区块链等，每个颠覆了时代的技术都与物联网息息相关。

大数据技术像是物联网的大脑。当物联网的末端通过各种方法感知世界的时候，物理信号变成了数字信号传入大数据分析中心。如果没有大数据分析能力，整个物联网就失去了存在的意义，从终端传来的海量数据无法及时地转化成有效信息并通过物联网中的驱动器对环境做出反应。就好比一台内存溢出的计算机，无法及时处理输入的信息，无论用户怎样操作，它也不会对指令做出任何反应。缺失了及时对海量数据处理的能力，物联网就难以与外界进行交互，也就失去了它的实际应用价值。

云计算的出现能够让大数据分析技术运行得更加"聪明"。通过虚拟化的方式整个网络的分析中心可以根据需要调用适当的计算与存储资源。这就像是让人的大脑高效地运行，当只用左半脑的时候就把右半脑关闭，以避免能量的浪费。这种方式极大地降低了物联网应用开发者的开发成本，开发者没有必要按照网络最大容量购买大量主机服务器设备（尽管大多时候运算无法达到峰值，很多设备只能被闲置），而是只需要支付租用云计算服务提供商虚拟设备的费用，就能不受硬件控制随心所欲地设计自己的网络应用。这对于开发者来说，无疑是一件大好事。高效、廉价为物联网的落地提供了巨大的便利。人工智能（Artificial Intelligence，AI）的任务则是在资源使用策略更高级的情况下，增加整个分析中心的智商。AI 技术凭借在分析和模式识别上的巨大优势，可以进一步降低计算的时间成本，使整个系统更加智能化，反应更加及时，应用更加多样化、人性化。

5G 技术则像是物联网的血液。高速大容量的数据传输意味着整个网络允许更大信息量的传递，就好像血管变粗，血液中有了更多的血红蛋白，能够为整个肌体适应更高强度活动打下良好的基础。其实还不只是如此，5G 技术的应用不仅能够让物联网适应更大数据传输量以及更高低延迟要求的任务，而且能够拓展整个网络部署的范围，增加网络广度，使物联设备能够尽可能地融入我们的生活。

芯片和区块链技术也是为物联网赋能的技术之一。更高计算能力的芯片、更小体积的芯片不断出现，能够使整个物联网的传感器模组更小、更智能。在不影响部署的前提下，它们可以完成更多的任务，提高电池的使用效率，是整个传感器的心脏。芯片技术的成熟代表着物联网在硬件条件上进入了切实可行的状态。区块链能够以独特的数据记录方式，让物联网产生的数据发挥最大的作用，为人们提供更多的服务。

综上所述，正是在不同技术同时成熟的情况下，物联网才真正有了落地的可能，才能真正地将科幻电影里的自动化生活照进现实。

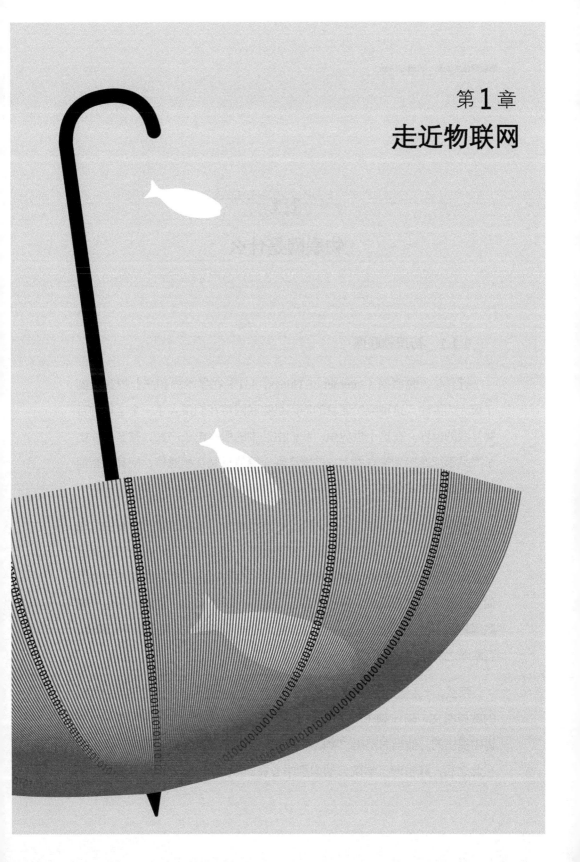

第 1 章

走近物联网

1.1

物联网是什么

1.1.1 初识物联网

近几年，物联网（Internet of Things，IoT）在学术界和产业界都受到了极大的关注。这种突然爆发的原因是物联网将我们带入了一个全新的万物互联的世界。在这个世界里，我们生活中的所有电子产品，甚至是非电子产品都能连接到物联网上，并能实现无缝信息交互和通信，使其以智能的方式整体协调运作。

物联网赋予了万物互联的可能，同时也催生了丰富的应用。其中，在公众社会服务方面，如医疗健康、家居建筑、金融保险等；在经济发展建设方面，如智能工农业、物流零售、能源电力等；在公共事物管理方面，如交通管理、安防反恐、市政管理、节能环保等。因此，许多人相信，物联网将创造出迄今为止我们所见过的最大的技术浪潮，其将成为继计算机、互联网之后的第三次信息技术革命。

那么，什么是物联网呢？"物联网"这个词最初是由麻省理工学院（MIT）的教授凯文·阿什顿（KeVin Ash-ton）于1999年在宝洁公司做的一次演讲中提出的。他当时提出"物联网有可能改变世界，就像互联网一样。"在此之后，麻省理工学院自动识别中心在2001年展示了他们的物联网视觉解决方案。2005 年，国际电信联盟（ITU）在其发布的《ITV 互联网报告 2005：物联网》中正式引入了物联网的概念，并对物联网做了如下定义：通过二维码识读设备、射频识别装置、红外感应器、全球定位系统和激光扫描器等信息传感设备、按约定的协议，把任何物品与互联网相连接，进行信息交换和通信，以实现智能化识别、定位、跟踪、监控和管理的一种网络。

尽管上文中把物联网描述得很"高深莫测"，但当物联网悄悄走进我们的生活时，我们并不会觉得它有什么费解之处。它就是简单意义上的信息技术、通信技术（如传感器技术、RFID 标签技术以及嵌入式系统技术等）等发展到一定阶段的产物。通俗地理解，物联网是一个嵌入了各种各样的软件、传感器、联网设备的物理硬件（如家用电器、汽车以及其他工业设备）的网络。在这个网络上，数据可以在设备与设备之间、设备与服务器之间自由传输，控制中心也能执行各种指令。

1.1.2　物联网大家庭的主要技术成员

在物联网这个大家庭中有 3 个主要技术成员：传感器技术、无线射频识别（Radio Frequency Identification，RFID）技术和嵌入式系统技术。

传感器技术作为支撑现代信息技术发展的最底层、最小化的支柱技术之一，在汽车、智能手机上有着广泛的应用。传感器在物联网中的布局处于整个运行网络的最边缘，也就是最接近生活使用的一端。它们的功能主要是数据的采集，将各种模拟信号转化成能被机器识别和处理的数字信号。甚至可以说，传感器是物联网系统的数据来源。随着物联网产业的发展，为了能更好地实现功能，传感器正朝着智能化、微型化、无线化和网络化的方向发展。

RFID 技术是一种非接触式自动识别技术。举个简单的例子，现在的无人便利店就是采用了 RFID 技术，在顾客结账的时候，机器能够自动地获取顾客购物车里的商品信息并进行结算，即时生成账单并发送到顾客的手机上，而不需要像以前那样，在超市柜台一件件地将商品拿出来扫描条码。从本质上来说，RFID 在物联网中的位置和功能与传感器相当，但是，相对于其他感知技术，RFID 技术在成本、功耗和应用领域都有比较大的优势。虽然 RFID 能够做到更快、更准确、更低能耗的目标识别，但是有一定的应用场景限制。目前，RFID 已经广泛应用于制造、销售、物流、交通等领域，在物资流动过程中，可以实现全球范围内的动态、快速、准确地识别与管理。

嵌入式计算机系统（Embedded Computer System）又称为嵌入式系统（Embedded System），它与通用计算机系统一起构成计算机系统的两大分支（见图 1-1）。与通用计算机系统比较，嵌入式计算机系统具有可封装性好、专用性强、实时性好、可靠性高、微型化等优点。通俗地说，嵌入式系统就是物联网设备的"灵魂"，只有有了"灵魂"，这些设备才能够正常运作，才能够与数据中心配合工作。而嵌入式系统这个"灵魂"的高度专用性同时也会赋予不同设备不同的个性与功能，去实现不同的任务。例如，同样的两台温控设备，装上不同的嵌入式系统，一个可能用于自动控制室内的恒温，另一个可能成为各大实验室模拟极端天气的关键设备。嵌入式技术的本质就是赋予设备功能，让它们有能力相互连接，所以嵌入式系统技术是物联网最基础的技术之一，因为只有嵌入到物体中，计算机系统才具备"思考"的能力，这也是实现物物互连、人机互连的前提。

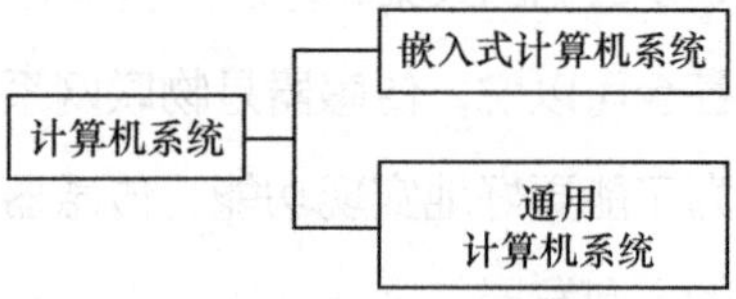

图 1-1　计算机系统的两大分支

物联网产业的发展不仅得益于传感器技术等较为成熟技术的融合，而且在于大数据、人工智能（AI）、第五代移动通信技术（5G）、IPv6 及区块链等新技术的突破与创新（见图 1-2）。

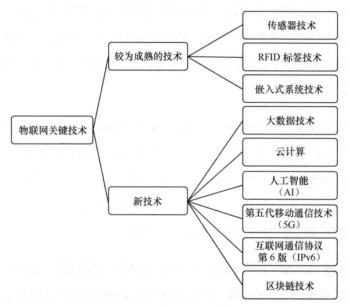

图 1-2　物联网关键技术

因为数据种类繁多、数据体量巨大以及数据价值高，所以大数据给传统的计算机技术带来了前所未有的挑战。物联网应用每时每刻都在产生海量的数据，但这些数据并不能被直接使用，而是需要在采集后通过存储、处理、分析并可视化，才能为人们所利用。可以说，没有大数据技术便没有物联网的快速发展。

人工智能和物联网都涉及众多技术领域，从产业发展的角度看，它们也是相互交叉的。人工智能在物联网中的应用主要有两种方式：一种是利用编写程序的方式，使物联网系统变得更加智能化；另一种是利用模拟不同生物的机理的方式，实现智能化。物联网中应用比较多的人工智能技术主要有专家系统、智能控制、智能化模块、数据挖掘、机器学习等。

第五代移动通信技术是目前全球学术界和产业界关注的热点。现有的移动通信网络远远不能满足物联网应用场景的需求，高速度、高普及、低功耗、低时延的 5G 网络是物联网产业发展的必要条件。5G 网络是构筑万物互联的基础设施。

IPv6 是英文"Internet Protocol version 6"的简称，是 IPv4 的替代版本。目前，IPv4 网址匮乏的问题日渐突出。不仅如此，IPv4 还存在着性能不足、不够安全等技术缺陷。而 IPv6 具有巨大的地址空间、地址自动配置（即插即用）、提高服务质量（QoS）、提高安全性、对移动通信的支持、扩展灵活、对感知层的支持等优势，可以助力物联网的发展。

区块链技术是一种全新的分布式基础架构与计算范式，其利用块链式数据结构来验证与存储数据，利用密码学以及分布式节点共识算法来生成和更新数据，利用由自动化脚本代码组成的智能合约来编程和操作数据，具有分布式对等、链式数据块、防伪造和防篡改、透明可信和高可靠性等典型特征。区块链技术对于解决物联网的发展成本、安全以及数据隐私保护等问题具有重要意义。

综上所述，物联网是一系列硬件的联系网，具有准确的物体识别能力（见图 1-3）。物联网可以利用互联网的电信基础设施与制造商、运营商和其他联网设备交换信息。它使物理对象能够被感知（提供特定的信息，如用户所处的室内温度变化），并在互联网上进行远程控制，从而为物理世界和计算机系统之间更直接的互动沟通创造机会，提高企业运行效率、经营准确性和经济效益。

图 1-3　物联网是一系列硬件的联系网

从本质上来说，物联网的主要思想是将任何能够连接的事物（如传感器、设备、机器、人、动物，甚至树木）和其操作过程连接起来，通过互联网实现监视或控制功能。这种大规模的连接不仅限于信息站点，它们本质上也是现实生活和物理硬件的连接，通过一系列的无线技术可以使它们部分免受基站限制而进行自由部署，允许用户访问终端，并在必要时对物理硬件进行控制。连接对象本身并不是一个目标，整个物联网的最终目标是从这些对象中收集数据和其他信息，以丰富产品和服务。

物联网正在发展壮大，尤其是在现代无线通信领域。这种快速发展促使智能硬件（如智能手机、智能手表和智能家居自动化系统）的品类不断增加，它们之间可以相互通信，并与其他系统协作，以实现一定的功能。不可否认，物联网已经对商业和个人生活产生巨大影响。很多企业开始使用物联网创建新的业务模型，以达到改进业务流程、降低成本和风险的目的。

1.2

物联网爆发的原因

目前，物联网已经成为商业转型的强大支撑力量，它的创新性影响遍及社会的各个领域。在新业务和社会需求的推动下，物联网技术的更新速度越来越快，这无疑是一场巨大的技术革命风暴。本节将深入分析为什么会出现这场巨大的技术革命风暴（见图1-4），帮助读者快速了解物联网爆发的原因。

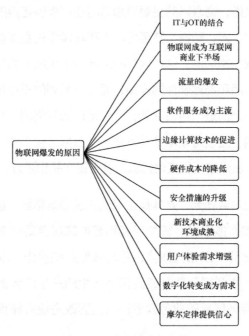

图1-4　物联网爆发的原因

1.2.1 IT 与 OT 的结合创造了物联网的需求

操作技术（Operation Technology，OT）是工业厂房、工业控制和自动化设备的技术核心。而信息技术(Information Technology, IT)是一个以计算、数据存储和网络为核心的端到端信息系统的世界，在业务流程自动化系统、CRM 系统、供应链管理系统、物流系统和人力资源系统等方面支持工业运行。

在原来的公司分工中，IT 部分和 OT 部分由两个不同的组织分别进行管理，它们有着不同的文化、原理和技术。IT 部门最初是由公司创建的，目的是为了在各个部门之间建立有效和及时的信息沟通方式。然后，它们被扩展到提供视频和网络会议、网络内部通信，以及安全的外部电子通信，如电子邮件。而 OT 依赖于非常明确的、经过测试的和受信任的操作过程。许多工厂需要全天 24 小时运行，如城市水过滤系统、电力系统，因此，工业过程不能容忍软件更新的关闭。它对软件更新、新技术的引入等更加宽容和欢迎。

物联网正在对 OT 和传统 IT 运营模式产生重大影响。随着业务特定技术（如基于 Internet 的石油钻机监控系统）的快速引入，IT 操作不能满足扩展以及发展的需求，也不能提供业务所需的专业知识。传统 IT 部门缺乏必要的资源来满足引入物联网解决方案的条件，并有效地操作和监控此类解决方案，或者对物联网设备生成的大量监控数据做出反应。随着尖端企业采用物联网技术规模的扩大，OT 被迫接受更大程度的整合。因此，传统的 IT 和 OT 功能将合并，而且快速地将业务的损失风险转移给没有采用物联网解决方案的竞争对手。IT 运营部门必须向 OT 业务靠拢，并调整他们的业务。

1.2.2　物联网成为互联网巨头争夺的下半场

在移动互联网浪潮中，很多企业的商业模式经过快速发展之后陷入了尴尬的瓶颈阶段，物联网的出现，不仅改善了企业现有的业务运营模式，而且改变了企业的商业模式。

1．Uber 用物联网解决出行问题

目前，Uber（优步）是全球领先的运输服务企业之一，市值超过 200 亿美元。2008 年，联合创始人特拉维斯·卡兰尼克（Travis Kalanick）和加勒特·坎普（Garrett Camp）在巴黎参加一个会议，他们都抱怨找不到出租车，尤其是在需要搬运行李和下雨的时候。第二天，当他们开始头脑风暴的时候，他们提出了 3 个主要的业务要求：①解决方案必须是基于互联网的，即从移动设备上请求和跟踪服务；②必须快速提供服务；③必须从任何位置都可用。

Uber 解决方案的关键部分是基于互联网的平台，该平台将客户（乘客）与服务提供商（汽车司机）连接起来。因为车辆提供者不是 Uber 的员工，而且因为实际上有无限多的汽车可能加入 Uber。为了建立壁垒，Uber 也有必要以极快的速度在零边际成本下进行规模扩张。Uber 在司机的智能手机上使用传感器技术来追踪司机的行为。如果乘客乘坐 Uber 的出租车速度太快，刹车太猛，或者走了一条绕远的路前往乘客的目的地，乘客都可以向 Uber 投诉。

为了提高服务质量，Uber 很早就使用最初级的物联网技术管理车辆。Uber 使用 Gyrometers（陀螺测试仪）和 GPS（Global Positioning System，全球定位系统）数据追踪司机的行为。在智能手机中，Gyrometers 测量小

的运动，GPS 和加速度计结合在一起，产生的数据用来监控车辆运行和停止的频率以及整体速度。此外，为了提高利润率，Uber 开始向着无人联网车、无人飞行汽车方向发展。

2. Airbnb 借物联网提供更好的住宿服务

Airbnb 是一个基于互联网的服务网站，帮助人们在网上查找提供出租的民宿。它于 2008 年在加利福尼亚的旧金山由布莱恩·切斯基（Brian Check）和乔·戈比亚（Joe Gebbia）创立。最初的网站服务是提供房间、早餐和一个社交场景，为那些无法找到酒店的客人提供服务。2008 年 2 月，技术架构师纳森·布雷查兹克（Nathan Belcharczyk）作为第三位联合创始人加入了 Airbnb。此后不久，这家新成立的公司专注于一些引人注目的活动。Airbnb 在互联网平台上创造了一个价值数十亿美元的业务，把人们和住宿连接在一起（见图 1-5），于是打破了传统的酒店业务模式。传统的酒店企业必须投入大量资金建造新酒店，而 Airbnb 则不必应对这一问题。

图 1-5　Airbnb 把供需信息和实体的房屋连接在一起

与 Uber 类似，Airbnb 也基于平台商业模式，促进了消费者（旅行者）和服务提供者（业主）之间的交流。但是 Airbnb 还需要一个可扩展的基于互联网的平台，能够在房屋资源以及入住体验上提高用户的满意度，这时引入物联网就是一个非常明智的选择。更重要的是，为了简化商业流程，降低人力成本，Airbnb 与互联网企业（如谷歌公司的 Nest）合作，通过物联网智能门锁开门（带有物联网能力的数字键门锁），向客户提供远程无钥匙解决方案。

3. Amazon 用物联网提升物流效率

Amazon（亚马逊）目前是世界上最大的网络零售商之一。它从 1994 年开始，作为一家网络书店，迅速发展为集网络购物、数字娱乐、云计算等为一体的服务商。Amazon 利用互联网打破了传统的零售商模式，将终端客户（如零售客户和企业）与产品和服务（如商品和云服务）连接起来，它不需要在仓库中储存其网站上出售的商品，而是确定匹配的合作伙伴，并在一个安全的基于互联网的平台上发布客户订单。Amazon 的另一个零售策略是作为其他零售商销售其产品的渠道，并在每次购买中收取一定比例的手续费。

零售只是 Amazon 的一部分业务，Amazon 还基于云服务平台，如 AWS（Amazon Web Services），提供 SaaS（软件作为服务）、PaaS（平台作为服务）、IaaS（基础设施作为服务）的云计算业务以及其他类型的业务，如 Kindle。Amazon 在产品销售、服务销售、云服务、出版、数字内容订阅、广告和品牌信用卡等方面定义了自己的业务线，其业务大致可划分为在线零售、互联网服务和 Kindle 生态系统 3 类。

尽管互联网服务的业务占比更大，但 Amazon 无疑是物联网最重要的参与者。从推出 Prime 服务开始，Amazon 内部就强调要精准掌握会员的服务信息数据，因此从下单、出仓、配送到售后服务全流程都有各种各样的传感器收集数据并传输到中枢系统。此外，Amazon 还极力推进使用联网的无人机送货来提高配送效率。可以看出，在互联网业务发展到一定阶段，物联网就成为下一阶段降低成本、提升利润率、扩展业务线的良好选择。

4．Tesla 用物联网技术改变汽车定义

Tesla（特斯拉）是一家美国电动车及能源公司，成立于 2003 年，Tesla 被认为是迄今为止应用物联网的最好例子。依托物联网，Tesla 不仅改变了传统的工业制造模式，而且开始使用由物联网管理生产的工厂。这种工厂拥有数千个传感器，能够对整个生产过程进行良好的把控。此外，Tesla 汽车本身也是一个巨大的物联网终端，通过软件和硬件的配合能够实现自动驾驶等高级行驶行为。

在物联网商业模式发展日渐成熟的今天，很多企业已意识到物联网是降低成本、提高效率、拓展业务防范风险的有效手段。应用物联网能够快速提升企业整体的竞争能力和科技能力，使企业在服务方式、终端渠道、业务模式等方面不断创新。

1.2.3 移动数据流量大爆发提供了物联网数据基础

随着移动视频、物联网、虚拟现实等高耗流量应用的快速发展，移动数据流量迎来了指数级增长的新时代。据思科视觉指数预测，到 2010 年，移动数据流量将实现以下目标。

● 每月全球移动数据流量将达到 49EB，每年的流量将超过 0.5ZB。

- 移动连接设备的数量将达到 1.5 台 / 人。
- 全球移动连接的平均速度将超过 20Mbit/s。
- 智能手机（包括手机）的总数将超过全球设备和连接的 50%。
- 4G 流量将超过总移动流量的 3/4。
- 全球超过 3/4 的移动数据流量将是视频。

移动数据流量的爆发主要由两个因素驱动：用户数和用户需求量。到 2019 年，每部智能手机平均每月将消耗 4GB 的流量。需求的不断增加，用户对移动流量需求的日益增长，将促使电信运营商对基础设施建设的重视，以提供更大流量的服务，支撑更多智能终端的连接。而移动互联网逐渐饱和，物联网必将成为电信运营商发力的新方向。

1.2.4　软件服务模式大爆发让物联网服务更容易被接受

Facebook、Instagram、Twitter 和 YouTube 等社交网络，以及 Amazon 的 AWS 等基于云计算的服务平台，每天都会产生巨大的用户数据。越来越多的企业采用云端架构来运营用户数据。而云计算允许企业将计算基础设施全部或部分外包给公共云提供商。公共云提供商通过互联网提供云服务。企业只需支付所消耗的 CPU 资源、存储空间或带宽的费用。企业也可以选择在自己的数据中心部署私有云解决方案，并向其内部子业务 / 用户交付计算服务。这种部署方式提高了灵活性和便利性，一是企业拥有基础设施，并可以控制在此基础设施上部署应用程序的方式；二是私有云可由企业自己的 IT 机构来进行构建，也可由云提供商进行构建。云计算服务也可以在混合云模型中提供，该模型由公共云和私有云组合而成，它允许企业利用公共云基础设施创建可伸缩的解决方案，同时企业仍然保留对关键数据的控制权。

根据服务模式,云计算可以分为 3 类:基础设施作为服务(IaaS)、平台作为服务(PaaS)和软件作为服务(SaaS),如图 1-6 所示。

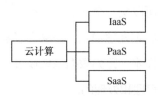

图 1-6　云计算的服务类别

PaaS:允许企业使用第三方平台,并允许企业开发和管理自己的软件应用程序,而不需要构建和维护所需的基础设施。

IaaS:用户通过互联网可以从完善的计算机基础设施获得服务。IaaS 是把数据中心、基础设施等硬件资源通过互联网分配给用户的商业模式。

SaaS:它是一种通过互联网提供软件的模式,用户无须购买软件,而是向提供商租用基于互联网的软件来管理企业经营活动。

SaaS 模式大大降低了软件,尤其是大型软件的使用成本,并且由于软件是托管在服务商的服务器上,减少了客户的管理维护成本,可靠性也得到提高。

云计算技术的快速成熟降低了物联网技术的应用门槛,为物联网终端连接数据传输提供了基本能力。这对于整个行业的发展都具有巨大的促进作用。

1.2.5　边缘计算技术的成熟提升了物联网将来应用的天花板

在介绍边缘计算技术之前,先来介绍几个术语:大数据、结构化数据和非结构化数据。

大数据指的是由关联系统的运行而产生的、由信息技术系统归纳生成的数据集合。关联系统可以是一个产品、过程、服务等。大数据技术可以通过分析大量的数据来确定处理模式，并深入了解相关系统的操作。这种分析通常涉及应用统计技术，因为数据量规模过于巨大，人工是无法在合理的时间内进行捕捉、管理和处理的。

结构化数据也称行数据，是由二维表结构进行逻辑表达和实现的数据。结合到应用场景中更容易理解，如企业 ERP 中，客户数量、销售数据和库存记录等量化数据。结构化数据通常是经过清洗和处理的高价值数据。

顾名思义，非结构化数据就是没有固定结构的数据，它很难被组织或合并。各种文档、图像、X 射线数据、视频、社交媒体数据以及一些与文本混合的机器输出等都是非结构化数据。

一些智能数据研究公司坚信，我们经历了两个数据分析的时代：分析 1.0 时代和分析 2.0 时代。相对于较早的商业活动，分析 1.0 时代的大数据应用为商业带来了突破性的改变。企业通过收集内部系统的结构化数据，如 CRM、销售记录、RMA 记录和案例记录等，将这些数据发送到一个集中的数据中心，存储在传统的表和数据库中，然后解析数据。解析后的一些统计数据通常与其他类型来源的数据相关联，通过分析这些数据，企业能够客观分析和深入理解重要的商业现象，做出基于客观事实的决策。例如，判断某节点存在大量未使用的库存，然后以降价或折扣方式销售。通常，收集、传输、关联和分析结构化数据的过程需要数小时或数天。

随着业务要求的不断提升，分析 1.0 时代进化为分析 2.0 时代。分析 2.0

时代主要从各种来源收集结构化和非结构化数据，但仍然将收集到的数据发送到一个集中的数据中心，并在此期间使用复杂查询以及前瞻性和预测性视图进行关联和分析。企业非结构化数据的包括呼叫中心日志、移动数据和用户正在进行转换的社交媒体数据，以及提供关于企业服务、产品或解决方案的反馈数据等。在这个时代，捕获和分析数据中心的数据，收集、传输、关联和分析结构化和非结构化数据的过程会缩短到几分钟甚至几秒，大大提高了数据分析的效率。

今天，在网络的边缘传感器以及其他硬件正在创建大量的数据，传统的数据分析方法在速度和能力上不再可行。一些企业对数据处理的延迟时间要求更加"苛刻"，对某些分析必须实时执行，甚至将原始数据发送到集中式数据中心的延迟时间也无法等待。以石油钻机的传感器为例，如果钻井压力大幅下降，则需要钻井平台立即关闭系统，以免系统崩溃，造成重大损失。

所以我们有了愿景中的分析 3.0 时代。分析 3.0 时代允许企业在物联网末端收集、分析和关联（与存储的数据）结构化以及非结构化的数据。这样企业在边缘即可实时捕获、处理和分析数据。这就是边缘计算技术存在的意义。

1.2.6　硬件技术的成熟和商用成功降低了物联网的成本

目前，物联网的硬件技术，如传感器、计算机以及 Arduino 等开源的微控制器等，不仅比以往任何阶段都发展得快速，而且价格更低。硬件技术的成熟与商业化，促使物联网朝着低功耗和低成本的方向发展，于是吸引更多的企业布局物联网。企业已意识到，除非它们能够迅速适应这种变化，否则它们很快就会变得不相关或效率低下，在竞争日益激烈的市场中生存愈加困难。

1.2.7　安全措施升级打消物联网用户的顾虑

大数据以其数据捕获、收集、传输、整理和分析的高效性极大地推动了网络技术的进步和社会的发展。但目前大数据的发展仍然面临着许多问题，网络安全问题是人们公认的关键问题之一。随着互联网的商业化，网络安全问题已经扩展到个人隐私信息、金融交易类数据、地理位置数据等诸多方面。

现今，很多人在家里部署了智能设备。例如，通过家居互联 App，可以远程打开智能门；结合物联网的智能冰箱，当冰箱中的牛奶只剩一两袋的时候，就会推送"牛奶快喝完了"的提示信息。想象一下，如果忽略了这些智能设备的安全性，黑客或网络不法分子可以通过攻击这些智能设备控制其他网络设备。

事实上，我们日常生活中使用的所有智能设备都面临着物联网安全威胁。例如，智能汽车上的集成传感器的数量越来越多，无线控制功能越来越强大，这就给黑客制造更多控制该辆汽车的可能性。黑客可以控制雨刷器、收音机、门锁，甚至刹车和方向盘。此外，甚至我们的身体也不能免遭受于网络攻击。目前，安全研究人员已证明，攻击者可以远程控制植入人体的医疗设备，如胰岛素泵和心脏起搏器，通过攻击设备的无线功能，控制和监控系统的通信链路。

针对这些安全威胁，技术人员已经在物联网的终端、无线接入层、LoRa 网关、云平台等方面采取了安全防御措施。更好的安全保证能够促使物联网应用更好地实现商业化。

1.2.8 新技术商业化加快促进物联网项目落地

据 BI Intelligence 预计，2020 年，全球人口约 80 亿，使用的物联网设备数量将达到 340 亿台。这些设备不仅包括个人电脑、智能手机、平板电脑、智能手表、联网电视等，而且包括以前没有连入互联网的日常使用设备。这意味着新的电子产品商业化并被消费者接受的速度越来越快。

调查表明，目前物联网的采用率是电力和电话制造业发展速度的 5 倍。而随着硬件设备成本的降低，物联网设备的售卖价格也在不断降低。因此，预计在未来几年内，物联网的使用率将呈指数级增长。

1.2.9 用户体验要求增强引爆物联网消费市场

用户体验（UX）或人机交互（在适用的情况下）是产品设计成功的关键。一个核心的产品 UX 设计原则是满足产品或服务使用的基本需求。过度设计或将过多的智能引入产品会适得其反，用户界面的不友好和提取信息速度缓慢都可能导致客户流失。例如，一个烤面包机的最终目的是烤面包。但是，如果过度设计太多的界面信息、开关和模式选项。会让用户体验的复杂度增加，企业就是在冒着丧失市场的风险。

现今商业社会，人们对用户检验的要求越来越高，原有普通的移动设备已经远远不能满足人们的需要。随着物联网的出现，环绕式的用户体验能够更好地满足用户需求，从而开辟更大的市场。

1.2.10 摩尔定律为物联网市场提供充足信心

尽管在晶体管技术发展的后期，摩尔定律越来越难以实现，但是对于现阶段的物联网元件，摩尔定律仍旧有很大可以发挥作用的空间。可以用 3 个主要的观察结果来总结摩尔定律的影响。

（1）在计算机硬件的历史上，计算机的功率大约每 18 个月就翻一番。涉及这样一个事实：高密度集成电路上的晶体管数量每 18 个月翻一番。晶体管自 1947 年诞生以来，一直按照摩尔定律升级至今。因此，依照摩尔定律，计算机在 25 年内将像人脑一样强大。

（2）硅晶体管存储技术的规模不断缩小，目前接近原子水平。多年来，人们一直把更多的算力和存储放在更小的设备上。

（3）晶体管的价格每年都在降低 50%。1958 年，Fairchild 半导体公司从 IBM 的联邦系统部门采购了 100 个晶体管，每个 150 美元。今天，你可以以 8 美分的价格购买超过 100 万个晶体管。

在未来 10 年，物联网的收入没有确切的数字，但所有行业研究者都认为，这个市场机会确实巨大。在通用电气公司（General Electric Company）的一项研究中，将物联网发展趋势比作 18 至 19 世纪的工业革命，认为物联网在未来 20 年可以创造多达 15 万亿美元的全球国内生产总值（GDP）。思科公司也认为，到 2020 年，将有 263 亿台设备连接到互联网。一些物联网企业也认为，到 2020 年，物联网设备的数量将达到 2000 亿个。到 21 世纪末，物联网设备的数量将增加近 9 倍，这意味着该领域将存在重大的基础设施投资和市场机会。

高德纳咨询公司（Gartner）也预计，在不包括智能汽车的情况下，到 2020 年，安装的物联网设备的总数量将接近 210 亿个。高德纳公司认为，消费者应用程序将推动联网产品的数量，而企业将占据大部分收入。

企业和分析师之间对于物联网市场规模没有太大分歧，物联网的体量将是无比巨大的。上述物联网市场快速增长观点在另一方面也得到了摩尔定律的支持。尽管摩尔定律在发展晚期可能成为一个难以突破的瓶颈，但是对于简单的传感器和执行系统，现在仍然享有摩尔定律的红利。物联网是一项正在起飞的行业，无论哪项研究达成了共识，人们都将成为这个新的物联网经济的受益者。例如，可以利用物联网开发的创新设备减少浪费，保护环境，促进农业生产，提前预警桥梁和大坝的结构缺陷，并能远程控制灯光、喷水系统、洗衣机和其他工具。

1.3

解剖物联网

物联网系统结构复杂，不同的物联网应用差异巨大。为了实现物联网应用系统的功能，需要制定一套规范的物联网网络协议集。借鉴互联网发展的经验，根据"分层组织"的思想，需要把物联网系统中具有共性特征的系统应用、行为特征等抽象出来组织在一起，以便于物联网系统的设计、运行和维护。这种对物联网系统进行抽象并分层组织而形成的模型称为物联网系统架构。

一般情况下，物联网分为感知层、网络层和应用层，如图 1-7 所示。感知层的主要功能是感知环境并将环境参数数据化。随着智能传感器的发展，感知层也开始具备一定的数据功能以及执行控制指令功能。网络层的主要功能是连接感知层和应用层，正确传输感知层的数据以及应用层的控制指令，确保数据及指令传输的准确性和存储的安全性。应用层则是实现感知数据的汇聚、整合、存储、挖掘，并应用于不同的行业和领域。物联网可以应用于智能工业、智慧农业、智慧城市、可穿戴设备等领域。

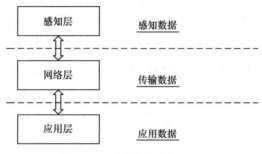

图 1-7　物联网的层次划分

有的物联网技术主要用于物联网系统架构中的某一层，如传感器技术、RFID 数据标签技术主要用于感知层，5G 技术、IPv6 技术主要用于网络层。有的物联网技术则广泛应用于物联网系统的各个层，如嵌入式系统技术、大数据技术、人工智能技术、区块链技术等。

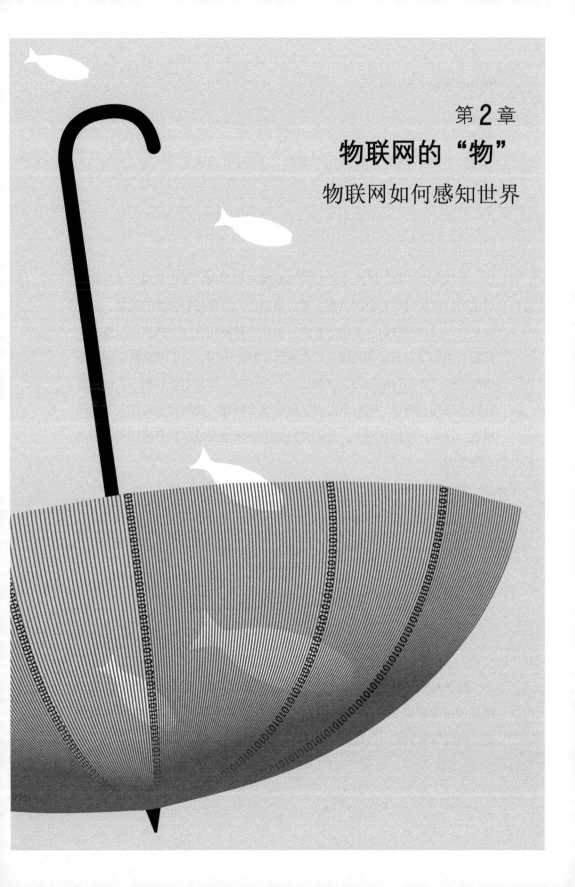

第 2 章

物联网的"物"

物联网如何感知世界

物联网中"物"的两个主要功能是感应和寻址。通俗来说，就是感应对象的特点和确定对象的位置。感应是识别和收集分析参数的关键，而寻址是唯一通过互联识别事物的方法。虽然传感器在收集关键信息以监测和诊断"事物"方面非常关键，但在执行实际任务时，它们通常缺乏控制或修复这些"事物"的能力。这就出现一个问题：如果不能控制，为什么要花钱去感知"事物"呢？所以为了解决这个问题，物联网中又加入了驱动模块。这样，在物联网中，我们对终端的要求就变成了具有感知和执行动作的能力。

2.1

传感器技术给物联网装上"眼睛"

物联网能够实现各种不同的功能，能够对环境产生积极的应对，前提就是传感器帮助后端网络以及数据中心获取了当下环境中的各种有用数据。可以形象地说，各式各样的传感器就是物联网的"眼睛"。

2.1.1　传感器：神秘又不可或缺的技术

传感器（Sensor）是能感受规定的被测量件并按照一定的规律（数学函数法则）转换成可用信号的器件或装置，通常由敏感元件和转换元件组成。传感器技术、通信技术和计算机技术一起被称为现代信息技术的 3 个支柱。

人们往往觉得传感器很神秘，认为只有工程师们才能使用它们。其实不然，传感器在我们的生活中无处不在。例如，与我们"朝夕相处"的智能手机，它里面就安装了光线传感器、声音传感器、图像传感器、触摸传感器、位置传感器、温度场传感器、距离传感器、重力传感器、加速度传感器、磁场传感器、陀螺仪（角速度传感器）、GPS、指纹传感器、霍尔感应器、气压传感器、心率传感器、血氧传感器、紫外线传感器等大量的传感器。智能手机上"智能"功能的实现几乎离不开传感器。随着技术的进步，为实现更多实用的功能，增加智能性，提高用户体验，智能手机上还会集成更多的传感器。

目前，传感器已经广泛应用于工业、农业、环境监测等领域。从应用领域来看，工业、汽车电子、通信电子、消费电子等产业是传感器最大的市场。而对传感器需求量最大的则是汽车产业，汽车传感器甚至成为传感器产业一个专用的传感器门类。一辆中小型汽车上大约安装几十只车用传感器，高配置汽车上的传感器数量多达 200 只（见图 2-1），这些传感器主要用于测量压力、温度、速度、流量、湿度、气体浓度、距离等。

传感器是物联网的重要组成部分，传感器的性能决定着物联网的性能。物联网的感知层包括无处不在的物联网终端设备，是物联网系统的数据来源。感知层主要由传感器、微处理器和无线通信收发器等组成。传感器负责数据的采集，微处理器负责对数据进行处理，无线收发器负责发送数据到物联网的网关和网络层。传感器处于整个物联网的最底层，是数据采集的入口，是物联网的"心脏"。

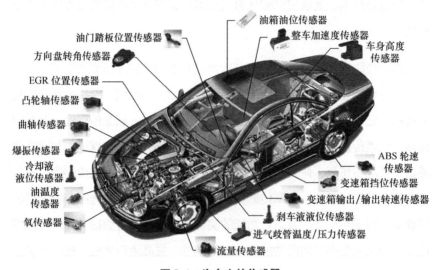

图 2-1　汽车上的传感器

　　在物联网的感知层中，传感器技术是最为关键的技术，因为各种传感器的大规模部署是构成物联网的最基本条件。传感器作为物联网采集信息的终端工具，如同物联网的"眼睛"。传感器获取的信息经过处理，转变为可供物联网应用系统分析处理和应用的实时数据。

　　随着物联网产业的发展，传统的传感器技术与产业正在发生巨大的变化。物联网应用要求传感器低成本、低功耗，具备高抗干扰能力。低成本是物联网大规模应用的前提；物联网的很多应用是用电池供电的，为延长续航时间，节约能源，传感器必须是低功耗的；物联网应用环境复杂，传感器必须具有抗电磁辐射、雷电、强电场、高湿的能力。

当前，传感器正在朝着智能化、微型化、无线化和网络化的方向发展。

1．智能传感器

智能传感器是传感器技术与微处理器技术融合的产物，与传统传感器相比，智能传感器具有精度高、可靠性高、稳定性强、复合感知能力高、自适应性好、性价比高等优点。智能传感器能够自动采集多种传感器的感知数据，对数据进行存储、预处理，并且可以发送感知数据、接收控制指令。智能传感器还可以对传感器系统运行状态进行自检测、自校零、自标定以及自校正。

2．微型传感器

微型传感器是尺寸微小的传感器，有的甚至可以达到纳米级。微型传感器具有体积小、质量小、功耗低、成本低、易于批量生产、便于集成化等特点。按照被测量的物理性质，微型传感器可以分为化学微型传感器、生物微型传感器和物理微型传感器。随着纳米加工技术的发展，微型传感器将进化到纳米级尺寸。纳米传感器虽然体积小，但可以实现更多的功能。微型传感器的技术水平和造价对于物联网的大规模应用至关重要。

3．无线传感器

无线传感器是传感器技术与无线通信技术结合的产物，是与执行器、微处理器、无线通信电路集成，兼有感知、传输和处理功能的传感器。早在 20 世纪 60 年代，美军就将无线传感器应用于越南战争中，即军事史上著名的"热带树"。无线传感器技术是支撑物联网发展的关键技术之一，目前广泛应用于环境感知、智能医疗、智能交通、智能家居以及军事等领域。

2.1.2　物联网中传感器的作用和特征

1．传感器的作用

传感器作为一种检测设备（通常是电子的），能检测到物体的物理环境（如温度、声音、热量、压力、流动、磁力、运动、化学等）的变化，并提供相应的输出。由于传感器元件大多是输出模拟信号，所以需要模/数转换器进行转换。

传感器构成物联网设备的前端，即"物"，其在所有的物联网垂直应用（如智能城市、智能电网、卫生保健、农业、安全和环境监测）中都非常重要，因为它们是通过互联网连接物理对象的直接工具。

传感器的功能可能非常简单，但其核心功能必须是收集和传输数据，过滤重复数据，并在满足特定条件时，将数据发送到物联网网关或其他系统。因此，物联网感知装置至少由传感器、微控制器和连通器组成。

在物联网中，传感器的主要作用是收集周围环境的数据，并为相邻设备（如网关和执行器）或应用程序提供输出。传感器通常使用感知环境的物理接口（输入）来收集数据，然后将输入信号转换为通信和计算设备能识别的电信号（输出）。

2．传感器的特点

随着物联网产生的发展，为了满足智能设备日益增长的感知需求，对传感器提出了更多、更高的要求。例如，更小、更智能，可以收集更多的数据，高精度、低功耗，更快的响应时间和更短的研发周期等。

一般来说,传感器是可以自定向的(自治的),也就是说,一旦安装就可以自行工作,或者只有部分功能受控于用户(根据用户的需要,预先编制程序的集合条件)。

因此,物联网中传感器必须具有以下特点。

(1)数据过滤。传感器的核心功能是收集和发送数据到物联网网关或其他适当的系统,因此,不需要具有深度的分析功能,但需要具有简单的过滤功能。微控制器在传输到物联网网关或控制网络之前过滤数据或信号。在传输数据之前,传感器基本上删除了重复或无用的数据或噪声。非自主传感器是定制的程序,在满足一定条件时(如数据中心的温度高于某一温度),自动发出警报。

(2)最小功耗。在物联网中,几个因素驱动了低功耗的要求。多数物联网的传感器(如智能电网、铁路和道路)将安装在难以接触也难以更新替代电池的位置。

(3)紧凑。安装空间狭小,限制了大多数物联网传感器。因此,传感器需要适应小空间。

(4)智能检测。物联网中的一个重要的传感器类别是遥感传感器,它可以非接触地获取远距离物体的信息。

(5)高灵敏度。灵敏度是传感器特性的一个重要指标,表示传感器输出的单位变化量与引起该变化量的相应输入的变化量的比值。例如,如果温度传感器的温度值每变化一次,电压变化 1mV,则传感器的灵敏度为 1mV/℃。

(6)小线性度。线性度也是传感器特性的一个重要指标,指传感器输出量与输入量成线性比例的程度。该值越小,表明线性特性越好。通常测量的数值和输出的数据要保持一定的线性度,才能保证测量准确。

（7）动态范围。动态范围指可由传感器转换为电信号的输入信号的范围。在这个范围之外，输出信号的准确性将大幅降低。

（8）精度。测量（实际）和理想输出信号之间的最大期望误差。制造商通常在数据表中提供准确性。例如，高质量的温度计可以将精度控制在输出的 0.01% 以内。

（9）迟滞。当外界测量数值升高或下降时，传感器不会返回相同的输出值，而是立刻做出反应。被测量的期望误差的宽度被定义为滞后。

（10）有限的噪声。所有的传感器都会产生一定程度的噪声和输出信号。智能传感器必须过滤掉不需要的噪声，并在达到关键限值时自动生成警报。噪声通常分布在频谱上，许多常见的噪声源产生的噪声为白噪声，也就是说，其在所有频率下的噪声频谱密度都是相同的。

（11）宽带宽度大。传感器对物理信号的瞬时变化具有有限的响应时间，而且许多传感器都有衰减时间，即传感器输出信号的阶跃变化后的时间衰减到初始值的时间。这两个时间的倒数分别对应于上截止频率和下截止频率。这两个频率之间的频率范围就是传感器的带宽。当一个传感器被用来收集测量数据时，应尽可能使用带宽较宽的传感器。这可以确保基本的测量系统能够对全部的测量线性地做出反应。但是，缺点是更宽的带宽可能导致传感器对不必要的频率也做出反应。

（12）高分辨率。分辨率指传感器可以探测到的最小信号波动。它是输入中设备可以检测的最小变化。分辨率与传感器的稳定性呈负相关性。

（13）最小中断。传感器必须在零或近零中断的情况下正常工作，并且当正常的操作被中断时，它才会自动产生即时警报。

（14）更高的可靠性。传感器提供可以依赖于精度的输出测量值。

（15）易用性。目前任何电子系统的首要要求都是易于使用。用户愿意为易于使用的设备支付更多费用，传感器也不例外。最好的用户界面是"没有用户界面"，当传感器被连接时，它们就被期望自动工作，而不是需要非常复杂的操作过程。

我们上面使用了大段的篇幅来讲述传感器的特征并不是没有意义的，物联网中的传感器具有的上述特征都是经过市场和研发部门的反复沟通，调研后确定的，这些特征也是物联网应用场景的特征。这些特征并不复杂，但是在物联网的落地应用过程中却又缺一不可。对于深入生活和工作的传感器，要为它赋予极其严格的标准与各种各样的性能特征，以保证它最终能够将我们的生活变得越来越好，而不是给我们带来各种各样的烦恼。

2.2

物联网的另一双眼睛：RFID 技术

2.2.1 RFID 技术的起源与发展

RFID 技术是从"物"中获取信息的另一种方式。RFID 技术走进大众的视野源于沃尔玛一项激进的政策。2003 年 6 月 19 日，在美国芝加哥召开的零售系统展览会上，沃尔玛宣布了采用 RFID 技术的计划。按照计划，沃尔玛公司的 100 家供应商应从 2005 年 1 月 1 日开始在供应商的货物包装箱（托盘）上粘贴 RFID 标签，并逐一扩大到单件商品。如果供应商们在 2008 年还达不到这一要求，就可能失去为沃尔玛供货的资格。这一计划使沃尔玛成为第一个公布正式采用 RFID 技术的企业。沃尔玛因此也成为 RFID 技术的主要推动者。

沃尔玛从 2004 年开始在物流供应链环节应用 RFID 技术。经过实地检验，沃尔玛的零售商场和配送中心应用 RFID 技术后，货物短缺率和产品脱销率降低了 16%，商品库存管理效率提高了 10%，商品补货速度提高了 3 倍。商场（超市）补货效率加快 63%，零售商场和配送中心的商品平均库存量降低了 10%。从管理的角度看，沃尔玛从 RFID 技术应用中获得了如下收益：商品管理和仓库管理成本下降，管理准确度上升；员工工作效能大幅度提高；供应链实时度、透明度进一步增强；及时反应能力提高；顾客满意状况显著改善。这些都提高了沃尔玛的核心竞争力。

目前，RFID 技术已经广泛应用于制造、销售、物流、交通等领域，可以实现物资流动过程中全球范围内的动态、快速、准确地识别与管理，因此引起各国政府和产业界的广泛关注，成为支撑物联网发展的关键技术之一。图 2-2 所示为数据采集方法分类。

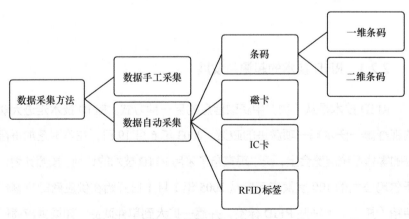

图 2-2　数据采集方法分类

RFID 被认为是将取代条码的数据自动采集技术。20 世纪 70 年代，商品条码技术的应用引发了一场商业革命。条码技术的应用减轻了零售业职工的劳动强度，提高了工作效率，也为顾客提供了舒适、便捷的购物环境。随着经济社会的发展，条码技术有它固有的缺陷，已经不能满足人们的需要。例如，在配送过程中，必须有人工的介入才能保证所有商品的条码朝向激光扫描仪。在商品运送过程中或者送抵门店后，必须经由人工一一扫描后，才能得知商品的准确数量或判定是否发生了遗失。而在此过程中，又可能发生重复扫描或者遗漏扫描的现象。另外，条码通常只能够反映商品的生产厂商与种类（或型号），关于保质期等信息就不得不依靠手工输入。手工扫描与数据录入工作很容易导致统计数据发生差错，从而导致商品短缺或者积压。虽然近年出现的二维条码解决了信息存储量不足的问题，但仍然改变不了必须借助光源才可以读取信息以及必须逐件扫描的难题。表 2-1 所列为条码技术与 RFID 技术的对比。

相对于条码技术，RFID 技术具有可自动识别、效率高等优势，但短期内 RFID 技术还是不可能完全取代条码技术。因为 RFID 技术更适用于物品的自动识别，而条码技术更适合于价格低廉的一次性物品的识别。

表 2-1　条码技术与 RFID 技术的对比

项目	条码技术	RFID 技术
数据容量	小	大
读取距离	小	大
重复使用次数	不可重复使用	可重复使用
使用成本	很小	一般

续表

项目	条码技术	RFID 技术
群读性	不可群读	可群读
抗污染能力	无抗污能力	抗污能力强
穿透性	不可穿透遮挡物	可穿透遮挡物
安全性	安全性差	安全性好
方向性	单方向	多方向
阅读速度	慢	快
自动化程度	低	高

　　RFID 不是一个传感器，而是一种利用无线电波获取预先嵌入到物体或物体标签中的信息的机制。RFID 由标签和阅读器两部分组成。此外，RFID 中有存储和处理信息的微芯片，以及接收和传输信号的天线。读取器读取标签上编码的信息，使用双向无线电发射器 / 接收器，通过使用天线向标签发射信号。标签以其记忆中所写的信息回应，然后阅读器将读取结果发送到一个 RFID 计算机程序。图 2-3 所示为 RFID 技术示意图。

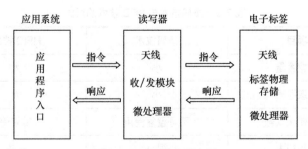

图 2-3　RFID 技术示意图

2.2.2 RFID 的分类

RFID 利用无线射频信号交变电磁场的空间耦合方式自动传输标签信息。根据 RFID 供电方式、工作方式的不同，RFID 标签可以分为被动式 RFID 标签、主动式 RFID 标签和半自动式 RFID 标签。

1. 被动式 RFID 标签

被动式 RFID 标签也称为无源 RFID 标签。被动式 RFID 标签内不含电池，它的能量要从 RFID 读写器获取。RFID 标签工作的过程就是读写器向标签传递能量，标签向读写器发送标签信息的过程。当 RFID 标签接近读写器时，标签处于读写器天线辐射形成的近场范围内，RFID 标签天线通过电磁感应产生感应电流，感应电流驱动 RFID 芯片电路，芯片电路通过 RFID 标签天线将存储在标签中的标识信息发送给读写器，读写器天线再将接收到的标识信息发送给主机。被动式 RFID 标签体积小、质量小、价格低、使用寿命长，但是读写距离短、存储数据较小，工作过程容易受到周围电磁场的干扰，一般用于商场货物、身份识别等运行环境较好的场合。

2. 主动式 RFID 标签

主动式 RFID 标签也叫有源 RFID 标签。主动式 RFID 标签由内部电池提供能量。主动式 RFID 标签工作过程就是读写器向标签发送读写指令，标签向读写器发送标识信息的过程。主动式 RFID 标签可以主动发送信息，当接收到读写器发送的读写指令时，才向读写器发送存储的信息。主动式 RFID 标签读写距离远、存储数据多、受周围电磁干扰小，但体积大、质量大、成本高，一般用于高价值物品的跟踪。

3. 半自动式 RFID 标签

半自动式 RFID 标签内置电池，但只为芯片内部很少的电路供电，只有在读写器访问时，内置电池才向 RFID 标签芯片提供电源，以增加标签的读写距离，提高通信的可靠性。所以半自动式 RFID 标签继承了被动式 RFID 标签的体积小、质量小、价格低、使用寿命长的优点。半自动式 RFID 标签一般用于集装箱和可重复使用物品的跟踪。

除了按照供电方式的分类外，RFID 标签按照读写方式的不同可以分为只读式 RFID 标签、读写式 RFID 标签；按照工作频率的高低可以分为低频 RFID 标签、中高频 RFID 标签、超高频 RFID 标签和微波段 RFID 标签；按照封装材料的不同可以分为纸质封装 RFID 标签、塑料封装 RFID 标签和玻璃封装 RFID 标签；按照工作距离的远近可以分为远程 RFID 标签、近程 RFID 标签和超近程 RFID 标签。

2.2.3 RFID 解决方案的优势

相对于基于读写器的解决方案（如条码），基于 RFID 的解决方案有如下优势。

（1）RFID 标签不需要在读取器的直接视线范围内，并且可以从远达 12m 的无源超高频（UHF）系统读取。电池驱动的标签通常有 100m 的阅读范围。

（2）标签上的 RFID 数据可以根据业务需求进行修改。条码数据一旦部署就很难改变。

（3）RFID 标签是持久的。相比之下，条码印在产品上，每个人都能看到，它们可能被破坏或改变。RFID 标签是隐藏的，可以跨多个产品重用。

RFID 标签还能存储更多的数据。

（4）RFID 数据可以在标签上进行加密，从而防止未经授权的用户更改数据或伪造数据。

（5）RFID 系统可以同时读取数百个标签。这在零售商店是很重要的，因为它可以节省员工操作的时间，让员工能够从事更高价值的任务。

与其他技术一样，RFID 也有很多缺点。其中最大的缺点是，标签通过阻挡 RFID 无线电波会影响易感性，如铝箔等金属材料包裹标签会影响识别。另一个潜在的缺点是，如果整个系统没有适当的设置，则多个阅读器和标签之间会相互产生干扰。每个 RFID 阅读器基本上扫描自身范围内拾取的所有标记，这可能会在标签信息之间造成混淆。例如，在同一范围内，向顾客收取其他购物车中商品的销售款。

2.2.4 RFID 技术在物联网中的主要应用

RFID 技术对物联网极其重要，RFID 行业是物联网的基础产业。

从技术层面看，RFID 技术有着无法比拟的技术优势。RFID 技术优势主要体现在两个方面：一是传感感知技术方面。目前应用较多的传感技术，除了 RFID，还有 Bluetooth、Wi-Fi、ZigBee、无线通信等。RFID 在成本、功耗和应用领域都有比较大的优势，而作为物体的一个标签使用也不需要物体端有处理能力。二是标签技术方面。相对于现在应用最多的条码技术，RFID 技术具有数据容量大、读取距离远、可重复使用、可群读、抗污能力强、可穿透遮挡物、安全性好、阅读速度快、自动化程度高等优势。

从 RFID 行业在物联网行业中的地位看，RFID 行业处于物联网产业链的上游，是物联网行业的基础，且 RFID 行业规模巨大，应用比较成熟的细分行业有铁路车辆管理、高速自动收费、图书馆管理、烟草行业资产管理、畜牧管理溯源等。随着物联网在各国被列为重点发展的产业，RFID 行业也迎来了难得的发展机遇，待 RFID 成本过高、标准不统一等问题解决后，RFID 行业和物联网产业必将迎来更加快速的发展。

RFID 技术在物联网中的应用主要体现在以下几个方面。

（1）访问控制和管理。许多企业和政府机构使用 RFID 标签来识别标识牌，替换之前的磁条卡。通过 RFID 标签，员工和被授权的客人可以在屏幕上或在进入建筑物时通过语音信息来识别。RFID 标签也广泛应用于电子收费站，如美国加利福尼亚州的 E-ZPass，解决了收费公路上的重大延误问题。电子收费系统决定车辆是否进入该程序，自动为未登记的车辆发出交通传票，并自动从注册车主的账户中扣除通行费。

（2）护照。目前，美国、加拿大、挪威、马来西亚、日本和许多欧盟国家已经使用 RFID 护照。RFID 护照可以从 10m 以外读取。RFID 护照是用电子标签设计的，其中包含了护照持有人的数码照片的主要信息。大多数解决方案中还增加了金属衬里，使未经授权的护照关闭时难以扫描信息。国际民用航空组织已经制定了 RFID 护照的标准，并载于民航组织文件 9303（2006 年第 6 版）中。

（3）医疗。许多医院或机构已经开始部署 RFID 方案或制订了类似的计划。基于 RFID 的解决方案已经开始在全世界范围内的卫生保健机构和医院实施，从而使医务工作者能够实时跟踪相关的医疗设备或人员数据，监控环境状况。

（4）物流和供应链跟踪。应用 RFID 标签，不仅可以改善供应链管理，还可以帮助消费者自动进行电子监控和自我检测（见图2-4）。同时，也有许多工厂在整个生产过程中使用 RFID 跟踪生产的产品，以便更好地估计客户的交付日期。

图 2-4　通过 RFID 对零售商品进行管理

（5）运动轨迹和运动时间追踪。利用 RFID 标签追踪运动员的运动轨迹、运动状态和运动时间。运动时间追踪是 RFID 最广泛的应用案例之一。许多运动员甚至没有意识到他们正在使用 RFID 技术。专家们利用这一事实证明了 RFID 无缝地增强了运动员体验的能力。

（6）动物识别。RFID 在动物识别与管理中至关重要。例如，一些国家的大型养殖场中，所有的牛、羊都被加上了 RFID 标签，这样可以通过 RFID 技术建立饲养档案、预防接种档案等，达到高效、自动化管理的目的，同时为食品安全提供保障。

（7）可追溯系统。产品的可追溯性是指对产品的生产、销售历史、使用情况或所处位置进行追溯的能力，一般包括原材料和零部件的出处、产品的生产加工流程以及完成交付后的销售分布和具体使用情况。根据追溯信息编码方式的不同，可将追溯技术分为字母数字码、一维条码、二维条码和 RFID 技术 4 类。追溯编码应当具有唯一性、可扩充性以及简明性。基于 RFID 的可追溯系统包括 RFID 信息采集模块、中间件、可追溯信息系统。RFID 信息采集模块安装在追溯链的各个环节，当物品经过某一信息采集点的读写模块时，读写器对 RFID 标签进行识别，并将相关信息写入标签。各信息采集模块将读取到的信息传输至中间件，由中间件对信息进行汇总、分析和处理。产品追溯信息系统与中间件进行通信，将追溯信息保存到数据库中。

可追溯系统主要用于农产品的溯源，近年来也逐渐应用于其他领域，比如高值耗材的管理。我国在追溯系统构建方面起步较晚，但也已经取得了一定的实效。例如，2003 年，内蒙古自治区采用计算机实现对全区牛、羊免疫耳标进行网络化管理。通过对禽畜免疫耳标的数字化管理，为畜产品质量安全追溯体系的建立奠定了基础。2006 年，中国肉类综合研究中心联合清华同方在北京市第五肉联厂进行了 RFID 可追溯系统的自主研发与实施，并最终形成从禽畜养殖、屠宰、运输到销售的全程跟踪与追溯。四川凯路威电子有限公司开发并实施的 RFID 肉品质量信息可追溯系统，在四川省巨丰食品有限公司原有信息化设施的基础上，以 RFID 电子标签作为信息载体，并依托网络通信、系统集成及数据库应用等技术，在巨丰食品内建立了一套屠宰信息化采集系统，完成了整个生猪屠宰环节关键点数据自动采集和上传，实现了生猪屠宰过程的信息化管控。

（8）其他应用。RFID 技术在机场行李跟踪物流、交互式营销、项目级库存跟踪、会议参与者跟踪、材料管理、IT 资产管理、图书馆系统和实时定位系统等方面也有应用。

2.3

物联网的火眼金睛：视频跟踪技术

视频跟踪是在短时间内捕获和分析视频并提取特定帧、特定对象或人员的过程，主要用来测量和分析动作。视频跟踪现在已经大规模用于客户识别、监视、增强现实、交通控制和医学成像等领域。视频跟踪也可以与传感器和 RFID 一起使用，以提供更全面的解决方案。

与预先安装在物联网前端的传感器和 RFID 标签不同，视频跟踪可以在后台随时打开随时使用。然而，视频跟踪也存在一个主要弱点，即当今的技术能力还不能做到实时分析。视频跟踪通常很费时间。它需要分析大量的视频流量，并且在许多情况下需要与历史数据相关联，才能得出准确的结论。视频跟踪的另一个挑战是复杂对象的图像识别技术，这也是当今机器学习领域的一个新的研究方向。

2.3.1　视频跟踪技术应用场景

尽管听起来视频跟踪技术十分新潮和高科技，但是事实上这种技术早已进入商业领域的各种场景并应用广泛。

（1）零售业。许多零售商已经开始使用视频跟踪解决方案，它通常与 Wi-Fi 接入点数据结合在一起，以增加销售量并提供更好的客户体验。

利用复杂的算法对视频流量进行分析，跟踪眼球运动并确定肯定购买意向（如渴望、痴迷、对产品的吸引力）和不确定购买意向（如摇摆头部运动）。然后，收集的数据根据已确立的业务规则进行筛选，以确定内部操作（如更改商品的位置并添加更多的结账线）或外部操作（如为客户提供一定的折扣）。

确定业务规则是一个非常具有挑战性的课题。许多企业使用先进的系统和技术（如机器学习、分析社交媒体数据、人工智能）来调查大量客户以达成这些规定。视频跟踪也被用来改善商店的整体购物体验。对多家商店流量的分析表明，顾客不介意为更快的结账支付更多的钱，包括友好的收银员、明亮的灯光和干净的产品。分析数据还表明，绝大多数客户不注意店内的内部标识。

（2）银行业。与零售业类似，银行也开始使用视频跟踪解决方案。考虑到大多数客户在智能手机上安装了银行的移动应用程序，在银行获取Wi-Fi数据更容易。在正确的设置下，移动应用程序通常允许银行追踪客户的行踪。

（3）其他用途。视频跟踪技术与高级后端分析的应用是无限的，涵盖从物理监视到交通管理和控制，再到增强现实。在这里，通过计算机生成的感官输入（如视频）增强了实际的视图。

2.3.2 视频跟踪技术算法

视频跟踪技术通常用于跟踪特定目标（或目标）的移动。一旦目标被检测到，捕获的序列视频帧就被视频跟踪算法用于背景减法过程。最常见的视频跟踪算法有基于内核的跟踪、轮廓跟踪、卡尔曼滤波和粒子滤波算法。

2.4

驱动器技术给物联网装上"手臂"

驱动器是一种电动机，它负责控制或在系统中采取行动。驱动器需要一个数据或能量的来源（如液压流体压力或其他能量来源），并将数据或能量转换为运动来控制系统。

2.4.1 物联网不仅要"看得见"，而且要"够得着"

传感器负责感知周围环境的变化，收集相关数据，并将这些数据用于监控系统。监控系统收集和显示数据是无用的，除非将这些数据转换成智能控制，以便在服务受到影响之前控制或治理环境。驱动器使用传感器收集和分析的数据以及其他类型的数据智能地控制物联网系统，这就是我们所说的"够得着"的过程。只有通过驱动器对物理世界做出反应，这个物联网系统才能够真正发挥作用。例如，当传感器测量环境压力低于某一阈值时，会给驱动器发出关闭气体流量的指令，这样才能让环境恢复正常。

2.4.2 驱动器类型

在物联网中，驱动器可分为如下 5 种类型。

（1）电动执行机构。电动执行机构是由小型电动机驱动的装置，它将能量转换为机械扭矩。所产生的扭矩用于控制需要多回转阀门或闸门的某些设备。电动执行器也被用于发动机，以控制不同的阀门。

（2）机械执行机构。机械执行机构将旋转运动转化为直线运动。在这种转换中使用了链条等设备。最简单的机械执行机构的例子是"螺钉"，即通过旋转执行器的螺母，螺旋轴在直线上移动。

（3）液压执行机构。液压执行机构是简单的装置，机械部件用于线性或直角回转阀门。它是根据帕斯卡定律设计的。当压力在有限不可压缩的流体中的任意一点增加时，容器中的每一点都有相等的增加。液压执行机构由一个气缸或液压组成，它利用液压动力来启动机械过程。机械运动以线性、旋转或振荡运动的形式输出。液压执行机构可以手动操作（如液压汽车千斤顶）或通过液压泵操作，可以在起重机或挖掘机等建筑设备中看到。

（4）气动执行机构。气动执行机构的工作原理与液压执行机构相同，只是使用压缩气体而不是液体。

（5）手动执行机构。手动执行机构使用杠杆、齿轮或车轮启动运动，而自动执行机构由一个外部电源来提供自动操作阀门的动作。

2.5

物联网的"眼""手"配合

监视和控制物联网设备有局部控制和全局控制两种方法。第一种方法需要一个智能的本地控制器（如用恒温器来控制居室的空调系统）。第二种方法是将控制转移到云上，并简单地在任何地方嵌入传感器（在这种情况下，恒温器被完全取消，取而代之的是在房子周围放置温度传感器）。扩展功能是不再使用空调或者电磁炉的遥控器，而是把它们的输入和输出连接到互联网上，这样，一个云应用程序就可以直接读取它们的状态，并控制它们的子系统，这种方法需要更多、更细粒度的连接设备。

2.6

物联网传感器的发展趋势

我们可以从产业和技术两个方面来看物联网传感器的未来发展。

1. 产业方面

随着物联网的快速发展，传感器的需求将大幅增加。2015 年，全球传感器市场规模为 1019 亿美元。BCC Research 预计 2016—2021 年复合增长率为 11%，到 2021 年将达到 1906 亿美元。

目前，全球传感器市场主要由美国、日本、德国的几家龙头企业主导。美国、日本、德国及中国合计占据全球传感器市场份额的 72%，其中中国占比约为 11%。中国传感器市场中 70% 左右的份额被外资企业占据。国内传感器企业正迎头追赶，但目前还有很多亟待解决的问题，例如创新能力弱、关键技术受制于人、产业结构不合理、本土企业规模小能力弱等。

我国传感器小型企业占比近 7%，产品以低端为主，高端产品进口占比较大，其中传感器约占 60%，传感器芯片约占 80%，MEMS 芯片占比接近 100%。

2. 技术方面

目前，传感器对于视觉、听觉、触觉、嗅觉、味觉等人类真实感觉的信息探测还不是很成熟，这也是现阶段的智能型传感器亟待提升的方面。

物联网的大力推进和智能终端的广泛应用，使传感器产品需求大幅增加，并且重心逐渐转向技术含量较高的微型电子机械系统（Micro Electro Mechanical System，MEMS）传感器领域。MEMS 传感器是利用半导体的制造工艺和材料，将传感器、执行器、机械机构、电源、接口、高性能电子集成器件、信号处理和控制电路等集成于一体的微型器件或系统，其内部结构一般在微米甚至纳米量级。MEMS 传感器主要包含传感器和执行器两部分。与传统的机械传感器相比，MEMS 传感器具有体积小、功耗低、重量轻、集成化、智能化、成本低、性能稳定等优点，可以满足物联网时代对于传感器的要求。

MEMS 传感器是在微电子技术基础上发展起来的多学科交叉的复杂系统，涉及电子、机械、材料、物理、化学、生物、医学等多种学科与技术。MEMS 产业链涉及设计、制造、封装测试、软件及应用方案环节。在物联网时代，MEMS 传感器市场空间巨大。据 Yole 预计，到 2021 年，MEMS 传感器的市场需求将超过 200 亿美元。当然，随着万物互联时代的来临，MEMS 传感器也将极大地推动智能硬件、智能汽车、智慧工业的发展。

第 3 章

物联网的“联”

物联网如何相互连接

3.1

物联网的神经结构：连接

3.1.1　物联网的连接方式

物联网是最近发展起来的一个新的风口，已经成为通信行业近年来绕不开的话题。市场研究机构预计，到 2020 年全球将部署超过 200 亿个物联网设备。这并不是一个小数目，计算一下已经发展了 20 年的手机和计算机，现在全球拥有的手机和计算机总数不超过 39 亿台。所以可以看到，在物联网这个概念下，正酝酿着一次巨大的市场变革。总的来说，物联网设备的数量正在以一个爆发式的趋势上涨，而经过几十年发展成熟的蜂窝网络技术正是这种大爆发的核心驱动力。在 2015—2021 年，这种技术驱动的联网设备的保守增长率大概是每年 25%。

这种巨大的增长速度本质上得益于第三代合作伙伴计划（3rd Generation Partnership Project，3GPP）这个标准制定组织。3GPP 此前已经在全球范围内成功推动 2G（GSM）、3G（UMTS）以及 4G（LTE）技术的落地与商业化。而现如今，物联网的落地应用就是 3GPP 组织的主要工作目标。其实该组织早先推动的 2G、3G 和 4G 技术都是传统的电信服务商移动宽带服务升级驱动的，而在过去的几年间，对于机器间的连接需求则推动了物联网的落地速度。所以，为了实现这个落地目标，3GPP 重新审视了原有的 GSM 和 4G 技术，并发展出了新的无线电连接技术来支持物联网应用，于是诞生了 CIoT（Consumer Internet of Thing，消费者物联网）技术并迅速在全球推行。CIoT 的 EC-GSM-IoT、NB-IoT（Narrow Band Internet of Things，基于蜂窝的窄带物联网）以及 LTE-M 3 个分支，是现行 3GPP 技术标准中的 3 种主流物联网技术。

EC-GSM-IoT 技术原本就受 GSM 技术的支持，也就是我们之前大量使用的 2G 技术，可以直接部署在现有的 GSM 系统上。而 GSM 本身又是目前世界上最大且覆盖范围最广的蜂窝网络技术，所以这无疑对推广物联网是一个很大的优势。

NB-IoT 尽管是脱胎于 4G（LTE）技术的一种通信标准，但它本身是一个非常不一样且有巨大吸引力和商用价值的标准。它既可以基于 LTE 设备运行，也可以独立运行。它可以在 200kHz 以上的窄带环境中良好地传递数据，这给它的部署带来了很大的灵活性。

LTE-M 是一种基于 LTE 的通信标准。我们在 4G 时代目睹了 LTE 快速商用普及的过程，而且享受到了它带来的巨大便利。它的优势在于广阔的覆盖面积以及较低的功耗。一般来说，它运行在带宽为 1.4MHz 以上的频域里，并且技术成熟，能够良好地支持要求更高、延迟更低的各种高端产品。

其实这 3 种通信标准更多时候是在大规模物联网场景下使用的标准。LTE-M 是在 2011 年由 3GPP 组织发起研究的，最初的目的是希望让 4G 网络中的 LTE 设备能够拓展到低端的 MTC 中使用，这样就可以替代 GPRS 网络。原本 3GPP 组织希望制造出一批在价格、复杂度等方面都与 GPRS 设备差不多的能够适应高密度数据、低功率消耗的产品投入市场应用，但在 2012 年他们改变了计划，希望通过扩展带宽的方式将这批成本低廉且表现与 LTE 设备差不多的产品赋予更多的可能性。后来，这种技术多数用在室内的应用中，因为 LTE-M 在室内有更强的覆盖能力。

在 LTE-M 标准制定之后，3GPP 组织就着手研究 NB-IoT 和 EC-GSM-IoT。其实也不难发现，很多标准都是基于 LTE-M 发展的，但是应用目的从取代 GPRS 设备变成了提供能够与低功率宽频技术竞争的解决方案。

不管各自的应用目的如何，这 3 种技术都能提供非常稳定的通信，而且兼顾电池功耗，甚至实现数据加密。这 3 种技术都能在帮助生产商降低产品的复杂程度的同时，降低生产每件产品时的硬件成本。成本降低意味着价格降低，这无形中促进了整个市场对物联网设备的兴趣，让物联网设备有机会在数量上大爆发，同时实现理论上的网络效应。

3.1.2　通信标准在物联网时代的新应用与新要求

通信产业内最近一段时间讨论最多的就是 EC-GSM-IoT、NB-IoT 和 LTE-M 3 种技术，但事实上这些技术的积累已超过了 30 年。这些技术从一开始只存在于某些发达国家的信息产业实验室到覆盖全球的每一个角落，花费了技术人员大量的心血。从 1980 年开始，这些新的技术就已经在逐渐地改变我们的生活，尤其是智能手机的面世和普及推广，少不了蜂窝技术的贡献。蜂窝技术为智能手机提供了无可比拟的无线连接能力、低延迟的数据传输能力，这使得我们通过手机能做到的事从接打电话一直拓展到了实时聊天、处理公务和办理银行业务等。所以当行业内出现新的终端沟通标准（M2M）时候，市场对于未来物联网发展的巨大潜力给予了肯定。尽管物联网对于延迟性和数据采集能力没有智能手机那么高,但是在其他方面,如信号覆盖能力、电池功耗等方面有着更高的要求。

从服务、应用以及市场要求的角度来看,我们通常意义上将物联网市场划分为两大类(见图 3-1),分别是海量机器型通信(massive Machine Type of Communication,mMTC)和超高可靠超低时延通信(Ultra Reliable & Low Latency Communication,URLLC)。在已经发布的 5G 白皮书中,对这两种应用以及需要达到的条件进行了明确的定义。举个例子,可穿戴智能硬件和传感器网络就是 mMTC 标准下的两个不同市场。可穿戴智能硬件包括我们现在已经能够购买到的智能手表、智能手环等。当然,也不仅仅局限于这种设备。传感器网络其实是一系列不同传感器的集合,包括天然气表、水表、电表等。这些设备的最大的要求就是能够连接到网络传输数据,并且不会耗费太多的电能,以保证长时间的运行。

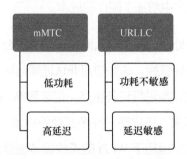

图 3-1 mMTC 和 URLLC 的比较

相对来说,URLLC 则是针对高端物联网产品的一种通信标准,多用于自动驾驶、工业自动化、健康产业等。这些产业对于物联网设备的要求就是极其可靠并且网络延迟极低,能够及时反映环境变化并做出积极应答。同时,在这些场景下产生的大量数据也需要通过整个物联网网络进行快速高效的传输，这都对网络连接提出了更高的要求。

3.1.3　物联网其他可行的连接标准：低功率宽频网络

事实上，3GPP 并不是物联网网络通信技术的唯一提供者。我们所熟知的 Wi-Fi 和蓝牙同样也可以作为 MTC 网络传输的技术。但物联网技术和 Wi-Fi、蓝牙最大的区别是，物联网网络需要入网认证才能够加入，而Wi-Fi、蓝牙则是私有的公用网络，并不需要复杂的入网许可认证就能够使用（Wi-Fi 密码和蓝牙密码是为了保证安全性，与认证无关）。

认证通信大部分处在被国家或者通信运营商拥有的认证公共频率范围里。GSM（全球移动通信）是一个成功的认证通信网络的例子，它实现了在全世界不同国家都能覆盖的 900MHz 通信。但是这种需要入网认证的网络的缺点是价格贵，采用这种制式需要支付给运营商高昂的费用才能够使用其服务，这在无形之中增加了硬件的成本。

非认证通信多半处在公开的无入网申请要求的公共频率段，但这并不是说它们就不受到任何管控。这些使用非认证通信网络的设备制造商需要符合严格的审查标准才能进行设备生产，蓝牙和 Wi-Fi 就是这种非认证通信的典型代表。近年来，还出现了许多其他的技术，如 LPWAN（低功耗广域物联网）能够提供远超于 Wi-Fi 的无线设备覆盖能力，是下一代物联网技术中比较出色的一个技术。

LPWAN 的主要特点是覆盖广、功耗低。蜂窝技术中的 EC-GSM-IoT、NB-IoT 和 LTE-M 也都具有相同的特点。无线设备的覆盖能力主要受到设备本身热杂波的限制。这种线性增长的热杂波主要由设备的噪声指数[①]决定。

————————————————
① 噪声指数是指理想设备与实际设备之间的噪声差异。

为了提升整个通信网络可用的信号强度，设备制造商通常要降低热杂波并提高杂波中的信号有效率，也就是需要降低功耗，提升信号覆盖范围。

当然，除了提升信号强度之外，还有其他的办法来提高信号覆盖能力，比如合理选择频段。也就是说，使用低频波段的设备在通信中能够减少受到同波段中其他噪声频率的影响而实现更强的覆盖能力。

3.2

物联网连接统一通信标准

在物联网发展的过程中，有一个非常重要的角色就是 3GPP 组织。这个组织在物联网技术标准的研发以及商业落地的漫长过程中都发挥了举足轻重的作用。

3.2.1　3GPP：物联网通信界的"国王"

3GPP 是全球移动通信系统（GSM）、通用移动通信系统（UMTS）以及长期演进技术（LTE）规范开发和维护的全球标准化组织。该组织由代表欧洲、美国、中国、韩国、日本和印度的 7 个区域性标准开发组织[①]（Standards Developing Organisations，SDO）进行协调。3GPP 从 1998 年开始组织其成员发布周期工作成果，到 2017 年已经发布了 15 版物联网通

[①] 7 个区域性标准开发组织为欧州电信标准化协会、美国通信工业协会、中国通信标准化协会、韩国电信技术协会、日本电信技术委员会、日本无线工业及商贸联合会、印度电信标准开发协会。

信相关技术标准，通过不断的标准更新，以确保在 2018 年实现第五代通信（5G）系统的交付。

EC-GSM-IoT、NB-IoT 和 LTE-M 这 3 种通信技术标准也是由 3GPP 制定的。这 3 种技术的第 13 版规范工作由 TSG-GERAN 和 TSG-RAN 工作组领导。TSG-GERAN 通过可行性研究启动了相关工作，产生了关于 45.820 蜂窝系统支持超低复杂性和低吞吐量物联网的技术报告。在进行规范工作之前，3GPP 通常会对该功能的可行性进行研究，并将工作结果记录在技术报告中。在此特定情况下，技术报告中建议继续使用 EC-GSM-IoT 和 NB-IoT 的规范工作项目。GERAN 负责 EC-GSM-IoT 工作项目时，NB-IoT 的工作项目被转移到 TSG-RAN。TSG-RAN 也负责与 LTE-M 相关的工作项目。在 3GPP 组织发布 13 版报告之后，即在完成 EC-GSM-IoT 规范工作之后，TSG-GERAN 及其工作组 GERAN1、GERAN2 和 GERAN3 被关闭，其责任被转移到 TSG-RAN 及其工作组 RAN5 和 RAN6。因此，TSG-RAN 现在负责 NB-IoT、GSM、EC-GSM-IoT，以及 UMTS、LTE 和新的 5G RAN 的开发工作。

3.2.2　小量数据传输技术

在 3GPP 的第 12 版标准中，机器型通信和其他移动数据应用程序的工作项目通信引发了一些超出规则标准范围的大胆尝试，这些标准在很大程度上主要关注如何管理大量设备。这种要求的出现引发了后来的机器型通信（MTC）和其他移动数据应用的更进一步研究，也就是后来的 TR 23.887 研究。这些研究的成果主要可以应用于处理小量数据的传输以及最大化地降低设备能耗。

MTC 设备的作用是发送和接收小数据分组，尤其是当应用层的设备都非常初级的时候。例如，在远程街道照明控制系统中，打开和关闭灯泡是主要的功能目的。整个网络除了提供开 / 关指示所需的小量有效负载（也就是通常意义上的 0 和 1）之外，还需要承担来自高层协议，如用户的数据。对于数据包高达几百字节的协议开销，通过小数据传输来减少是有意义的。

RRC Resume 过程是支持小数据传输的最有前途的解决方案之一，它旨在优化或减少 LTE 连接中需要设置的信令消息的数量。此解决方案的关键是恢复先前连接中建立的配置。其他部分可能的优化在于抑制与测量配置相关的 RRC 信令。这种简化是通过机器型通信预期的短期数据传输来证明的。与长时间传输数据占据流量概况相比，这些设备测量报告的相关性较低。在 3GPP 的第 13 版中，该解决方案与控制平面 CIoT EPS 优化一起被指定为用于简化 LTE 建立过程，以促成小的和不常见的数据传输的两种替代解决方案。

3.2.3　设备节能技术

3GPP 的第 12 版研究中引入了两个重要的解决方案来优化设备功耗，即 PSM（Power Saving Mode，低功耗模式）和 eDRX（Extended Discontinuous Reception，非连续接收）。PSM 被指定用于 GSM/EDGE 和 LTE，在该解决方案中，设备进入省电状态，功耗降至最低。就功效而言，这种模式的节能效果远远超出了典型的空闲模式，即设备仍然执行诸如相邻区域测量等耗能任务，并通过监听寻呼消息来维持可达性。

在 3GPP 的第 13 版中，针对 GSM 和 LTE 引入了 eDRX 技术。eDRX 的一般用来延长 DRX 周期，使设备在寻呼之间保持省电状态，从而最大限度地减少能源消耗。与 PSM 相比，eDRX 的优点在于可以周期性地用于 MT 服务、机器型通信设备的节能研究考虑了其中包括使用 eDRX 或 PSM 的设备的能耗。

3.3

主流物联网通信网络之 EC-GSM-IoT

EC-GSM-IoT 本质上并不是一种全新的技术，它来源于 GSM 技术。经过几十年的商用，GSM 积累了大量的技术经验以及用户群体，这种特质使得它在进入物联网时代之后又有了重生的活力，演进成 EC-GSM-IoT 继续为大众服务。

3.3.1 GSM 历史沿革

GSM 技术最早出现于 20 世纪 80 年代的欧洲，1991 年首次在欧洲投入商用，到目前该技术已经良好运行了近 30 年。尽管年代久远，但它仍然是使用最广泛的移动蜂窝技术之一。与以前的模拟蜂窝技术相比，GSM 基于数字通信，允许进行加密和频谱更有效的通信。随着该技术的全球应用成功，现在其被称为全球移动通信系统。

GSM 标准的初始版本仅限于电路交换（CS）业务，包括音频和数据呼叫。作为电路交换的呼叫，意味着一组无线电资源在呼叫期间被占用。即使在电路交换呼叫中发射机静音，资源也显示被占用，并且不能分配给其他用户。1996 年，引入分组交换（PS）服务。PS 服务不再占用整个通话期间的资源，而是只在有数据要发送时才占用资源。第一个 PS 业务称为通用分组无线业务（GPRS），于 2000 年投入市场。随着

GPRS 应用的成功，又引入增强型 GPRS（EGPRS），也称为 EDGE（增强型数据速率用于 GSM 演进），主要是通过引入更高阶的调制和改进的协议处理支持更高的最终用户数据速率。在当前的 GSM/EDGE 网络中，电路交换服务仍然用于语音通话，分组交换服务主要用于提供数据服务。

自 1991 年部署的第一个 GSM 网络以来，该技术已真正成为全球蜂窝技术。据估计，由于 GSM 网络在世界上的所有国家中都有部署，如今 GSM 网络的使用人口数超过全球人口数的 90%。这些网络都支持语音服务，并且在绝大多数网络中也支持 GPRS/EDGE。

3.3.2　GSM：物联网的天选之路

经过数十年的发展，GSM 在众多通信技术中脱颖而出，其四大技术优势助其成为物联网的天选之路。

1. GSM 部署范围广

为了适应在各地的发展，全球各地的 GSM/EDGE 网络的特点也是完全不同的。在 GSM/EDGE 与 3G 和 4G 一起部署的国家，它通常用作语音服务的主要运营商之一，同时作为数据服务的后备解决方案。然而，在很多情况下，设备并不总是能够支持 3G 或 4G。例如，在中东地区和非洲，2015 年约 75% 的订阅是 GSM/EDGE。此外，从全球蜂窝技术订阅基础来看，仅限 GSM/EDGE 的订阅约占总量的 50%。剩余的 50%，绝大多数支持 3G 或 4G 技术的订阅，这还包括 GSM/EDGE 功能作为覆盖范围不足的备选方案。这种全球性的覆盖特性对所有无线电接入技术都是有益的，包括那些提供机器型通信的无线电接入技术。

2. 频段数量多

GSM 成功的一个重要方面还在于其部署频段的数量。尽管 GSM 规范支持更广泛的频段，但是 GSM/EDGE 的部署仅限于 850MHz、900MHz、1800MHz 和 1900MHz 4 个全球频段。与其他蜂窝技术相比，这种四频段频谱的全球分配更加一致。世界不同地区使用的频谱规范通常将 900MHz 与 1800MHz、850MHz 与 1900MHz 的使用配对，这意味着在大多数地区只有两个 GSM 操作允许频段。支持更低的数量频带，意味着器件所需的射频（RF）器件更少，可在多个频段上工作的器件的优化程度更低，最终可降低材料和整体的开发成本。

3. 频段占用低

虽然 GSM 具有真正的全球影响力，但 3G 和 4G 与 GSM 竞争的频谱相同。随着第五代蜂窝系统的出现，更多的压力将出现在频谱资源争夺上。新技术的部署不仅改变了最终消费者可用的技术，而且影响了技术之间的流量分配。为了实现流量从 GSM 向 3G 或 4G 的转变，标准化组织有可能发布 GSM/EDGE 所使用的部分频谱，并为增加频谱需求腾出空间，以改善最终用户体验和系统。这就是所谓的频谱重新分配。

GSM 频谱的重新分配几年前已经开始，并将在未来继续拓展。但是，即使在成熟的蜂窝电话市场，减少 GSM 的频谱操作和完全关闭 GSM 网络也并非一回事。即使假设网络中仅仅有几千台设备可能会与运营商签订合同，也意味着不可能过早完全关闭 GSM。对于机器对机器（M2M）市场而言尤其如此。例如，设备可以放置在远程位置，并且合同可以持续几十年。因此，即使为 GSM 服务分配的频谱预计会随着时间的推移而缩小,但在很多市场中 GSM 网络仍将持续很长时间。

4. 模组价格低

GSM/EDGE 设备的低价格,是 GSM 为当今网络中主要的 M2M 蜂窝运营商的更重要原因之一。GSM/EDGE 模块成本将远低于全球售价 6 美元左右的其他无线技术。当然,有地区差异,如同一模块在中国的估计平均销售价格是 4 美元。

3.3.3 3GPP 对 GSM 做出的改进与增强

基于 GSM 的技术特点,3GPP 第 13 版中决定进一步发展 GSM,以满足来自物联网的需求。除了之前提到的要求增加覆盖率、确保低设备成本和高电池寿命外,还包括以下要求。

(1)提供一种操作技术的方法,以 600kHz 的频谱密度运行,以便运营商部署 GSM 网络,彻底消除或至少将与其他技术的频谱使用冲突最小化。在这样的小频谱分配中,甚至可以将 GSM 网络部署在 3G 和 4G 等宽带技术的保护带中。

(2)将最终用户安全性提高到长期演进(LTE)/4G 级安全级别,以消除当前 GSM 部署中可能存在的任何安全问题。

(3)确保通过引入 EC-GSM-IoT,引入 GSM 标准的所有更改,确保与现有 GSM 部署的向后兼容性,以实现无缝连接和渐进。

(4)利用现有设备引入技术共享资源,确保支持网络中大量的 CIoT 设备。

3.4

主流物联网通信网络：LTE-M 技术

LTE-M 是基于 LTE 演进的物联网技术，旨在基于现有的 LET 载波满足物联网设备需求。

3.4.1 3GPP 标准框架对 LTE-M 技术的要求

LTE-M 具有优化机器型通信（Machine Type Communnication，MTC）和支持物联网连接的功能。最近部署的低成本设备类别 M1（Cat-M1）和覆盖增强（CE）模式，起源于 3GPP 关于提供基于 LTE 的低成本机器型通信用户设备的研究。从那时起，相关的设备制造商就开展了相关的 3GPP 工作项目。

（1）3GPP 第 12 版标准工作项目用于 LTE 的低成本和增强覆盖 MTC UE，有时称为 MTC 工作项目。该项目引入了设备 Cat-0。

（2）3GPP 第 13 版标准工作项目针对 MTC 的进一步 LTE 物理层增强，有时称为 eMTC 工作项目。该项目引入了设备 Cat-M1 以及 CE 模式 A 和 B。

（3）3GPP 第 14 版标准工作项目针对进一步增强型 MTC for LTE，有时称为 feMTC 工作项目。该项目引入了设备 Cat-M2 和各种其他改进措施。

3.4.2　LTE-M 技术的优势

与传统物联网连接技术相比，LTE-M 技术具有如下优势。

1．LTE-M 复杂度低，部署成本低

在 LTE-M 项目研究过程中，研究人员研究了大量降低设备成本的技术，其目的是大幅降低 LTE 设备的部署成本，以使 LTE 对目前已被 GSM/GPRS 充分处理的低端 MTC 应用具有吸引力。在 3GPP 第 12 版本中采用了 LTE Cat-0 设备，与 Cat-1 设备相比，LTE Cat-0 设备支持用户数据的降低峰值速率、单个接收天线（而不是至少两个）以及可选的半双工频分双工（HD-FDD）等操作。

在 3GPP 第 13 版本中采用的是 LTE Cat-M1 设备，该设备包括 Cat-0 所有的降低成本技术，其最大工作带宽为 1.4MHz，具有可选的低设备功率等级（最大的发射功率是 20dBm）。采用这些成本降低技术后，Cat-M1 调制解调器的硬件投入成本将能够与增强型 GPRS 调制解调器的成本一起竞争市场。

2．LTE-M 覆盖能力增强

LTE-M 项目还研究了 CE 技术，目标是实现比现有 LTE 网络更好地覆盖 20dB，以便为具有目前应用挑战性的设备提供有效的网络覆盖条件，例如位于地下室的固定公用设施计量设备（人们常说的物联网水表电表一类）。事实上，MTC 应用对数据速率和等待时间的要求非常宽松，可以利用重复或重发技术来提高覆盖范围。该研究得出的结论认为，使用该技术可以实现 20dB 的覆盖增强，但考虑到频谱效率和所需标准化工作等其他方面后，3GPP 将继续研究在该条件下实现 15dB 作为覆盖增强

目标。

3GPP 第 13 版本标准化中包括两种 CE 模式: CE 模式 A, 支持多达 32 个子帧重复的数据信道; CE 模式 B, 支持多达 2048 次重复。有评估表明, 使用 CE 模式 B 中可用的重复, 20dB 的初始覆盖目标实际可以达到。

3. 采用 LTE-M 技术的设备电池寿命更长

支持长时间甚至数十年的设备电池寿命已在第 12 版中以 PSM 的形式在标准第一个落实阶段中引入, 并且在第 13 版中以 eDRX 的形式引入。这些功能能够完美实现对 LTE-M 设备以及其他 3GPP 无线接入技术的支持。与普通 LTE 设备相比, LTE-M 设备可以在运行过程中降低功耗, 这其实本质上主要归功于减少的数据发送量和接收带宽。

4. LTE-M 技术支持更多设备的连接

在第 10 和第 11 版本中已经改进了 LTE 中处理大量设备的情况, 如以接入类别限制 (Access Class Barring, ACB) 和过载控制的形式。例如, 引入无线资源控制 (RRC) 机制进一步改进资源控制暂停 / 恢复, 只要设备没有离开网络, 在一段时间后恢复 RRC 连接有助于减少所需的信令。

5. LTE-M 设备部署简单

LTE-M 在 LTE 网络侧支持相同的系统带宽。如果运营商对 LTE 有大的频谱分配需求, 那么也有足够的带宽用于 LTE-M 流量。LTE 载波上的 DL 和 UL 资源可以充当 LTE 业务和 LTE-M 业务之间完全动态共享的资源池。它还可以在普通 LTE 用户不太活跃的时段调度延迟容忍的 LTE-M 业务, 从而使 LTE-M 业务对 LTE 业务的性能影响最小化。

3.5

主流物联网通信标准之：NB-IoT 技术

在 3 种主流物联网通信技术中，最受关注的技术是 NB-IoT 技术。作为一种新出现的通信技术，NB-IoT 代表了近 20 年无线通信技术的发展历程。已经有大量的互联网巨头和创业公司闯入 NB-IoT 技术领域进行探索，希望能够抢占先机。

3.5.1　3GPP 对 NB-IoT 的技术要求

2015 年初，低功耗广域网（LPWAN）市场迅速发展。例如，Sigfox 公司在法国、西班牙、荷兰和英国建立了超窄带调制网络。LoRa 联盟成立于 2015 年 6 月，旨在解决不同级别的物联网应用，并完善认证机制，确保设备之间的互联互通。到目前为止，对于移动通信 / 通用分组无线业务（GSM/GPRS）而言，LPWAN 已成为广域物联网用例的首选蜂窝技术，与 3G 和 4G 相比，其调制解调器成本更低。新兴的 LPWAN 技术为 GSM/GPRS 服务的许多物联网垂直行业提供了一种替代技术选择。

为了积极应对新的挑战，3GPP 启动了关于蜂窝系统支持超低复杂度和低吞吐量物联网的可行性研究，并对所有覆盖能力、电池容量、承载能力等性能指标进行了改进，以更好地服务于物联网行业。另一个研究目标是，可以通过软件升级将物联网功能引入到现有的 GSM 网络中。建立一个全国性的网络需要很多年，并且需要预先进行大量投资。然而，通过软件升级，完善蜂窝网络，可以满足物联网市场对设备的所有关键性能的要求。

在为蜂窝式物联网研究提出的解决方案中，一些解决方案向后兼容GSM/GPRS，并且是基于现有 GSM/GPRS 规范的发展而开发的。历史上，开展此项研究的小组，3GPP TSG GERAN（技术规范组 GSM/EDGE 无线电接入网络）专注于 GSM/GPRS 技术的演进，开发满足 GSM 运营商需求的功能。然而，某些 GSM 运营商在那时考虑将其 GSM 频谱重新划分为长期演进（LTE）以及 LPWAN 致力于物联网服务。这一考虑引发了非 GSM 向后兼容技术的研究，称为 clean-slate 解决方案。虽然没有一个非常优秀的解决方案，但是它为研究完成后出现的 NB-IoT 技术提供了坚实的基础，并在 3GPP 的第 13 版本中进行了标准化。整个 NB-IoT 系统支持 180kHz 的带宽，这允许设备部署在重新制定的 GSM 频谱以及 LTE 载波内。NB-IoT 是 3GPP LTE 规范的一部分，采用了许多已经为 LTE 定义的技术组件。这样的做法减少了标准化进程的完成时间，并利用 LTE 生态系统确保快速上市。它也可能允许通过现有 LTE 网络的软件升级来引入 NB-IoT。因为具有以上特点，制定 NB-IoT 核心规范的规范性工作仅需数月时间，并于 2016 年 6 月完成。然后，在核心规格完成一年之内，移动网络运营商和技术供应商就开始推出 NB-IoT 商用网络和设备。

3.5.2　NB-IoT 技术的优势

1. 低复杂度且低成本

在基带处理方面，NB-IoT 允许在初始目标选择和连接期间进行低复杂度的接收机处理。对于初始目标选择，设备只需要搜索一个同步用于建立网络的基本时间和频率同步的序列。该设备可以使用低采样率（例240kHz），并利用同步序列属性来最小化存储器和复杂度。

在连接模式方面，NB-IoT 通过将 DL 传输块大小限制为不大于 3GPP 第 13 版本中的 680 位并且放宽处理时间要求。对于信道编码，NB-IoT 不采用需要迭代接收机处理的 LTE turbo 码，而是在 DL 信道中采用简单的卷积码，即 LTE 尾咬合卷积码（TBCC）。另外，NB-IoT 不使用高阶调制或多层多输入 / 多输出传输。此外，设备仅需要支持半双工操作，并且不需要在 UL 中传输时监听 DL，反之亦然。

在射频方面，NB-IoT 的所有性能目标都可以通过设备中的发射天线和接收天线来实现。也就是说，在设备中既不需要 DL 接收机分集，也不需要 UL 发射机分集。由于不需要设备同时发送和接收，双工器在设备的 RF 前端就不再重要。在 3GPP 第 13 版本中，NB-IoT 设备的最大发射功率为 20dBm 或 23dBm。这允许功率放大器（PA）在芯片上集成，有助于降低设备成本。

由于 NB-IoT 的部署灵活性和较低的系统带宽要求，预计 NB-IoT 将在全球范围内使用。这有助于提高 NB-IoT 的规模经济。

2. 覆盖能力强

与 EC-GSM 和 LTE-M 一样，NB-IoT 用于确保覆盖的设备可以与网络进行可靠的通信。尽管数据的传输速率降低，但并不影响 NB-IoT 的使用。此外，NB-IoT 被设计为在 UL 中使用接近恒定的包络波形。这是 NB-IoT 适用于极端覆盖范围和功率受限情况下的设备的一个重要因素，因为它可以最大限度地减少从最大可配置级别回退输出功率的需求。最小化功率回退有助于保持给定功率放大器功能的最佳覆盖范围。

3．电池寿命长

最小化功率回退还可以提高功率放大器的功率效率，这有助于延长设备的电池寿命。但是，设备电池寿命在很大程度上取决于设备在没有活动数据会话时的行为。在大多数情况下，物联网应用只需在短时间内传输短数据包，因此该设备实际上大部分时间都处于空闲模式。传统方式下，空闲设备需要监视寻呼并执行移动性测量。尽管空闲模式下的能耗与连接模式相比要低得多，但通过简单地增加寻呼机之间的周期性或者不需要设备监控寻呼，可以实现讲一步的节能。3GPP 第 12 和 13 版本中引入了扩展非连续接收模式（eDRX）和节能模式（PSM），以支持此类操作并优化设备功耗。本质上，一个设备可以关闭它的收发器，只保留一个基本的振荡器，以监听该设备何时应该从 PSM 或 eDRX 中退出。PSM 期间的可达性由跟踪区更新（TAU）定时器设置，最大设置值可超过 1 年。eDRX 可以配置为 3 小时以内的 DRX 周期。

在这些节能状态期间，设备和网络均保持设备上传和下载状态，从而在设备恢复连接模式时，节省了对不必要信号的需求。当从空闲模式转换为连接模式时，就优化了信令和功耗。除 PSM 和 eDRX 外，NB-IoT 还采用连接模式 DRX（cDRX）作为实现能效的主要工具。在 3GPP 第 13 版本中，NB-IoT 的 cDRX 周期从 2.56s 延长到 10.24s。

4．部署方式灵活

为了最大化整个系统的灵活部署能力，并为可能的应用场景商业化做好准备，NB-IoT 支持以下 3 种不同的部署方式。

（1）独立部署

NB-IoT 可以作为独立的载波部署，使用带宽大于 180kHz 的任意可用频谱，这被称为独立部署。一个独立的部署案例是，为 GSM 运营商在其 GSM 频段改变整体波段架构部署 NB-IoT。在这种情况下，GSM 载波和 NB-IoT 载波之间需要额外的保护带。根据共存要求，推荐使用 200 kHz 保护带，这意味着两个运营商之间的 GSM 运营商应该在 NB-IoT 运营商的一侧留空。在同一运营商部署 GSM 和 NB-IoT 的情况下，根据研究结果推荐使用 100kHz 的保护带，因此，运营商需要重新连接至少两个连续的 GSM 运营商以进行 NB-IoT 部署。

（2）带内部署和保护带部署

NB-IoT 使用 LTE 物理资源块（PRB）或使用 LTE 保护带，可以被部署在现有的 LTE 网络中。这两种部署方案分别被称为带内部署和保护带部署。NB-IoT 可以使用一个 LTE PRB 进行部署，或使用保护频带中未使用的带宽资源块。当 LTE 载波带宽为 3MHz、5MHz、10MHz、15MHz 或 20MHz 时，保护频带部署利用了 LTE 信号的占用带宽大约为信道带宽的 90%。因此，每侧大约有 5% 的 LTE 信道带宽可用作保护频带。另一种可能的部署方案是在支持 LTE-M 功能的 LTE 载波上进行 NB-IoT 带内部署。这些 LTE-M 窄带（NB）中有一些不用传输 LTE-M 系统信息块类型 1（SIB1），因此，可以用于部署 NB-IoT。

（3）波段重整

NB-IoT 旨在为 GSM 运营商提供灵活的频谱迁移的可能性。运营商可以采取初始步骤，将 GSM 频谱的一小部分重新分配给 NB-IoT，由于 LTE

带内和保护带部署的支持，这种初始迁移步骤不会导致频谱碎片，从而为最终迁移整个 GSM 频谱到 LTE 降低了难度。NB-IoT 运营商在 GSM 网络中的独立部署可能会在整个 GSM 频谱迁移到 LTE 时成为 LTE 带内或保护带部署。这种高度的灵活性也可以保证 NB-IoT 在 LTE 升级到 5G 时的部署能够良好运行。

3.6

物联网技术的未来之星：5G 技术

3.6.1 5G 技术：各国积极响应，提前布局

第一代移动通信技术诞生于 1978 年，采用模拟式通信系统方式，主要特征是语音功能，但无法上网。

第二代移动通信技术诞生于 20 世纪 90 年代初，采用数字调试的通信系统方式，可以上网，网速可达 9.6kbit/s，是手机上网时代的开端。

第三代移动通信技术（3G）诞生于 21 世纪初，采用多媒体通信系统方式，上网速度为 384kHz ～ 2MHz，是真正移动互联的开端。

2010 年是海外主流运营商规模建设第四代移动通信技术（4G）的元年，网速可达 100Mbit/s，是无线宽带时代的标志。

第五代移动通信技术是以大规模天线阵列、超密集组网、新型多址、全频谱接入和新型网络架构为关键技术,以"Gbit/s 用户体验速率"为关键性能指标的新一代移动通信技术。第五代移动通信技术的关键性能指标包括用户体验速率(bit/s)、连接数密度(km^2)、端到端延时(ms)、移动性(km/h)、用户峰值速率(bit/s)以及流量密度(bit/s·km^2)。所以,第五代移动通信技术不仅仅意味着更快的连接速度,还意味着更好的用户体验以及更多的可能性。

鉴于 5G 广阔的发展前景,世界各国均将 5G 作为优先发展的战略,加快 5G 的研发、部署和应用。欧盟于 2016 年 7 月发布《欧盟 5G 宣言——促进欧洲及时部署第五代移动通信网络》,将发展第五代移动通信技术作为构建"单一数字市场"的关键举措。英国于 2017 年 3 月发布《下一代移动技术:英国 5G 战略》。美国于 2017 年 12 月公布了新版《美国国家安全战略报告》,该报告将 5G 网络列为国家安全重要任务之一。韩国在发布的 5G 国家战略中提出拟投入 1.6 万亿韩元(约合 14.3 亿美元)布局 5G 技术,并且第五代移动通信技术已经于 2018 年 2 月亮相平昌冬奥会,并为用户提供沉浸式 5G 体验服务,包括同步观赛、互动时间切片、360 度 VR 直播等。

我国在 2016 年 12 月 15 日发布的《"十三五"国家信息化规划》中多次提到 5G,并提出 2018 年开展 5G 网络技术研发和测试工作,2020 年完成 5G 技术研发测试并商用部署。2018 年 3 月,在《政府工作报告》中专门提及"第五代移动通信"对加强制造强国的重要性。我国的科技企业在 5G 技术研发上已经走在了世界前列,如中兴通讯公司每年投入 30 亿元在 5G 标准的制定、产品研发和商用验证等工作中。华为技术有限公司(以下简称华为)在 2009 年就聘用了全球 300 多位顶尖科学家致力 5G 的研究；2013 年，投资 6 亿美元用于 5G 标准研究；2017 年，投资 40 亿元人民币推动 5G 产品化；2018 年，投入 50 亿元人民币进行 5G 端到端商用产品化。在 3GPP RAN 第 187 次会议的 5G 短码方案讨论中，华为推荐的 Polar Code 方案得到一致认可，并且该方案成为 5G 控制信道增强型移动宽带（eMBB）场景编码的最终解决方案。

移动网络自 20 世纪 80 年代推出以来一直在不断发展，大约每 10 年就会有一次大的技术转移，用于新一代移动网络。前两代移动网络最初的重点是移动电话，首先基于模拟传输，后来基于数字传输。3G 和 4G 移动网络时代已经为广大的移动设备引入并建立了移动宽带连接。预计 2020 年左右推出的 5G，将拓宽移动宽带和以消费者为中心的服务。

国际电信联盟（ITU）已经为 5G 的发展定义了一个框架。在国际电信联盟，5G 是在国际移动电信 2020（IMT-2020）这个术语下提出的。这个标准的确定基于对移动网络流量增长的评估，以及社会趋势和新技术的发展。IMT-2020 的目标使用场景比早期的移动网络时代要宽泛得多。在 5G 之前，移动通信的重点一直是以人为中心的通信，从电话到移动宽带服务，给用户提供多媒体和数据服务。5G 技术的发展将加强移动宽带使用的发展，特别是为了迎合强大的移动宽带业务增长，以及适应新的服务项目的数据传输需求，如 3D 视频或虚拟现实。这种使用场景下使用的标准被称为增强型移动宽带。另外，新的以机器为中心的通信服务也同样被定义为 5G 的特定使用场景，称为 MTC。大规模 MTC（mMTC）通常应用于简单和有许多传感器设备的通信，传输少量不是延迟敏感的数据。相比之下，cMTC 解决了对延迟、数据速率、可靠性和可用性有严格要求的以机器为中心的通信。具体应用包括工业制造和生产，全自动智能运输系统和自动驾驶车辆，自动化能源网络等。cMTC 也被称为超可靠和低延迟通信（URLLC）。

5G 的关键技术主要可以归纳为无线技术和网络技术两个方面。其中，无线技术主要为满足大规模天线阵列、超密集组网、新型多址和全频谱接入等技术的应用需求，网络技术主要为满足基于软件定义网络（SDN）和网络功能虚拟化（NFV）的新型网络架构的应用需求。

在 5G 无线关键技术方面，大规模天线阵列将数倍提升多用户系统的频谱效率，对满足 5G 系统容量与速率需求起到重要的支撑作用；超密集组网可实现频率复用效率的巨大提升，在局部热点区域可实现百倍量级的容量提升；新型多址技术可实现多种场景下系统频谱效率和接入能力的显著提升；全频谱接入可提升数据传输速率和系统容量。

在 5G 网络关键技术方面，基于软件定义网络和网络功能虚拟化的新型网络架构已取得广泛共识。5G 网络将是基于 SDN、NFV 和云计算技术的网络系统，这样的网络系统更加灵活、智能、高效和开放。

对于 5G 的发展，国际电信联盟已经为 5G 发展设定了一个时间安排。到 2017 年中期的第一个时期结束时，对 IMT-2020 的技术要求进行了规定。随后是开发 5G 解决方案的时间段，这些解决方案将作为 IMT-2020 提案提交给国际电信联盟，并根据 IMT-2020 的要求对其进行评估。从 2019 年年底开始，国际电信联盟批准的 IMT-2020 规范在各个设备生产商的支持下就应能够实现 5G 系统的全面市场部署。

3GPP 采用了与国际电信联盟相匹配的时间计划。在 2015 年年底，3GPP 已经开始研究开发 6GHz 以上的无线网络的信道模型并定义 5G 要求。

在 3GPP 第 14 版本中，5G 新无线电（NR）空中接口的研究项目已经结束，并且为 NR 规范定义了 Release 15 工作项目。3GPP 第 15 版本提议将提供 NR 规范的第一阶段，该规范将在 3GPP 第 16 版本提议的第二阶段进行扩展，是基于对第 15 版本中 NR 增强的研究。NR 第二阶段实现的主要功能同样也会在自我评估之后提交给国际电信联盟进行审议。

同时 3GPP 将继续进一步演进 LTE 以满足 5G 要求。在之后部署的过程中，最初阶段无论是在 6GHz 以上还是在 6GHz 以下的新频段，预计 NR 将主要分配给 5G 的新频谱。从长远来看，NR 还将迁移到早期移动网络标准使用的运营商。通过长期演进 LTE，5G 能力可以引入 LTE 已经具备运营能力的运营商。

一般来说，3GPP 中定义的要求比国际电信联盟中定义的要求更严格。可以看出，mMTC 的要求很大程度上与蜂窝式物联网的要求相对应。重点在于低数据速率的扩展覆盖范围、更长的设备电池寿命、消息延迟以及更多的设备可扩展性。另外，对 URLLC 的要求，重点在于非常低的延迟和高可靠性。

3.6.2　5G 技术给物联网带来了更多的可能

5G NR 被定义为具有可扩展正交频分复用（OFDM）无线电接口的无线电技术。它被设计为可配置用于高达 100GHz 的毫米波频段的频带。帧结构和无线电程序也是可以配置的，以实现低延迟。预计超精简设计不仅能够实现网络节能，而且还能够灵活地在更高版本中引入物联网的新功能。

对于 URLLC，一个关键特性是能够在保证的延迟范围内以高可靠性传输数据。这种低延迟高可靠性的组合对 5G 系统提出了更高的要求。其中一个难点是不能利用时域来实现高可靠性,如连续重传。相反,必须设计和配置无线电接口,以保证具有单一传输或非常有限数量的重新传输的可靠性。

有几种设计方案可以使 URLLC 服务落地。传输过程中,高可靠性必须通过非常强大的链接能力来保证。此外,尽可能多地利用频域多样性。这可以通过使用多个天线或者在频率的空间域中共同工作实现。为了实现低延迟,必须使用适当的数据帧结构。OFDM 系统能够配置更大的子载波间隔,以减少符号的持续时间和时隙的持续时间。此外,具有早期参考符号和控制信息的框架设计是非常有益的。利用这样的配置,接收器可以在信道的初始估计之后就开始解码接收到的分组。为了提高移动时的稳健性,当数据通过多个频率层传输时,可以使用双连接来提高传输质量。

针对 mMTC 的 5G 设计是蜂窝式物联网标准 LTE 机器类型通信(LTE-M)和窄带物联网(NB-IoT)的延续。之前的实践证明 NB-IoT 和 LTE-M 已经基本满足了 mMTC 5G 的要求。为此,3GPP 决定不在 3GPP 第 15 版本中规定任何 NR mMTC 解决方案。相反,3GPP 使用该版本 LTE-M 和 NB-IoT 的演进作为解决 5G mMTC 要求的基准。在第 15 版中已经确定了对 LTE-M 和 NB-IoT 的一些改进,其中包括早期数据在随机接入过程中进行传输,以减少等待时间并提高蜂窝式物联网的可扩展性。

为了发展商业化服务产品,运营商需要将 NR 移植到用于现有移动网络技术的频带中。MTC 设备具有非常长的服务生命周期。为了促使频带成功迁移至 NR,整个市场的期望是 NR 可以在公共载波上与 NB-IoT 和

LTE-M 很好地共存。理想情况下，NB-IoT 和 LTE-M 可以在 NR 载波内以类似方式在带内操作，因为 NB-IoT 可以在 LTE 载波内部部署。

　　物联网极大地扩展了移动通信的服务范围，世界已经从人与人之间的连接，向人与物、物与物智能互连过渡。随着物联网的发展，数以亿计的设备将接入移动网络，海量的设备接入网络和不同的应用场景将为移动通信技术带来挑战。例如，智慧城市、环境监测、智能农业、森林防火等以传感和数据采集为目标的应用场景需要通信网络低功耗、大连接，车联网、工业控制等垂直行业的特殊应用需求要求低时延的技术特性。这些技术挑战正是推动 5G 发展的重要驱动力。

　　显而易见，5G 网络是构筑万物互连的基础设施，高速度、广泛在、低功耗、低时延的 5G 网络是物联网产业发展的必要条件。现有的移动通信网络远远无法满足物联网应用场景的需求。例如，物联网的发展需要海量的连接和在 1ms 左右的时延，这是当前 4G 网络无法实现的，这也成为制约物联网发展的重要因素之一。而 5G 连续广域覆盖、热点高、低功耗、大连接以及低时耗、高可靠的应用场景和物联网高度契合。同时，物联网与 5G 的融合将使物联网充分利用 5G 网络的技术性能优势，降低物联网的基础设施成本投入。例如，物联网设备与 5G 网络手机的连接使感知层数据直接通过 5G 基站传输，减少了网络层设备的使用，这可节省设备的购买、安装、维护、升级等费用。正因为 5G 网络能够满足物联网的多数应用需求，用户便不需要构建单独的网络体系，从而在低投入的情况下实现物联网的快速发展。

第 **4** 章
物联网的“网”
物联网的后台配合

在介绍了物联网的硬件组成之后，本章将介绍物联网的软件组成。物理硬件为物联网功能实现提供了条件，而软件则为物联网赋能，软硬件之间的配合让物联网完美落地。

4.1

嵌入式系统是物理硬件的灵魂

嵌入式系统（Embedded System）又称为嵌入式计算机系统（Embedded Computer System），与通用计算机系统一起构成计算机系统的两大分支。嵌入式系统是针对特定的应用，裁剪计算机的软件和硬件，以适应某种对功能、可靠性、成本、体积、功耗有严格要求的应用系统的专用计算机系统。嵌入式系统通过采集来自不同感知源的信息，实现对物理过程的控制，以及用户之间的交互。"嵌入性""专用性"与"计算机系统"是嵌入式系统的 3 个基本要素。

由于嵌入式系统要嵌入到对象体系中，实现的是对象的智能化控制，因此，它有着与通用计算机系统完全不同的技术要求与技术发展方向。通用计算机系统的技术要求是高速、海量的数值计算;技术发展方向是总线速度的无限提升,存储容量的无限扩大。而嵌入式系统的技术要求则是对象的智能化控制能力;技术发展方向是与对象系统密切相关的嵌入性能、控制能力和控制的可靠性。它与通用的计算机系统相比,具有可封装性好、专用性强、实时性好、可靠性高、微型化等特点。

嵌入式系统自 20 世纪 70 年代出现以来,至今已经有 40 多年的历史。目前,嵌入式系统已经广泛应用于农业、工业、军事、智能家居、城市管理、工业监测、智能交通、医疗卫生、公共安全等领域。

嵌入式技术的本质就是"物联",所以嵌入式系统技术是物联网最基础的技术之一,因为只有把计算机系统嵌入到物体中去,它才具备思考和智能。这也是实现物物互连、人机互连的前提。所以,嵌入式系统技术是物联网必不可少的技术。

有学者认为,物联网是互联网与嵌入式系统发展到高级阶段融合的产物,并把嵌入式系统看作物联网的源头之一,因为嵌入式系统可以提供多种物联方式。以传感器和 RFID 为例,传感器不具有网络接入功能,只有通过嵌入式处理器或嵌入式应用系统,将传统的传感器转化成智能传感器,才有可能通过相互的通信接口互联或接入互联网,形成局域传感器网或广域传感器网。基于节约成本的考虑,传统的 RFID 技术,其系统架构一般采用单一 RFID 读写器连接一个或者多个天线,以分时多任务的方式读写电磁波覆盖范围内的 RFID 标签,其距离不远,一般在几米的范围内。嵌入式 RFID 是将 RFID 读写器(或者模块)嵌入在物体中,使该物体具有 RFID 读写功能。

嵌入式应用系统历经 20 多年的发展,目前大多具备了局域互联或与互联网的联网功能。嵌入式应用系统、嵌入式应用系统局域网与互联网的连接，将互联网变革为物联网。GPS 诞生后，嵌入式应用系统则实现了物理对象的时空定位，保证了物联网中物理对象有完整的物理信息。在实现物联时，不仅可以提供物理对象的物理参数、物理状态信息，还可提供物理对象的时空定位信息。

物联网环境中的各种智能设备都需要采用嵌入式技术来进行设计与制造。随着物联网应用的发展，适应物联网应用系统要求的智能设备设计和制作，以及可穿戴设备的研究与应用，将成为嵌入式技术下一阶段研究与开发的重点。因此，和其他技术一样，物联网的发展为嵌入式系统技术提出了新的命题，反过来也促进了嵌入式技术的发展。

4.2

数据分析技术是物联网实现功能的核心

物联网的概念被提出来已经有 10 多年的历史，近几年之所以被产业界广为关注，除了各国政府的推动外，还有大数据、第五代移动通信技术、IPv6 技术、区块链和人工智能等新技术的发展，进一步推动了物联网产业的发展。

4.2.1　大数据技术赋能物联网

我们生活在一个"数据"时代。腾讯公司 2017 年第三季度微信和

WeChat 的合并月活跃账户数达到 9.8 亿，百度公司在 2016 年每天要处理超过 60 亿次搜索，这些都将产生海量的互联网数据。全球互联网的主干网每天要传输亿兆字节的数据。2008 年，在谷歌（Google）成立 10 周年的时候，《自然》（Nature）杂志出版了一期专刊，讨论未来海量数据处理的问题，并提出了大数据（Big Data）的概念（见图 4-1）。2011 年，麦肯锡公司发布研究报告《大数据：下一个创新、竞争和生产力的前沿》，对大数据的产生背景、发展现状和未来趋势进行了系统讨论。在这份报告中，麦肯锡公司对大数据的定义为"大数据是指大小超出了典型数据库软件工具收集、存储、管理和分析能力的数据集"。

图 4-1 《自然》杂志提出大数据的概念

实际上，随后的几年里，学者们和研究机构从不同的角度给出了大数据的定义。多数定义都强调数据量的"大"，但数据量的大小并不是判断"大数据"的唯一标准。判断数据集是否是"大数据"，须判断数据是否具有"4V"的特征，即数据种类繁多（Variety）、处理速度快（Velocity）、数据体量巨大（Volume）以及数据价值高（Value）。

大数据给传统的计算机技术带来了前所未有的挑战。首先，对小数据集有效的处理模型和算法，在大数据集上可能无法使用；其次，传统的串行算法已经无法在可以接受的时间内完成对大数据的计算；最后，大数据存在着噪声、样本稀疏、样本不平衡的问题。在大数据时代，"样本＝总体"，大数据更强调数据的完整性和混杂性，突出事物的关联性，从而能为我们提供解决问题的新视角，更逼近真相。

大数据是一场革命，它将在世界范围内对经济社会产生深刻的影响，比如它将推动产业转型升级，推动软件开发、数据存储以及内存计算等产业升级创新。它将在城市规划、交通管理、舆情监控、安防管理等方面助力智慧城市建设。它也将改变组织管理模式，创造全新的商业模式。也正因为此，世界各国纷纷部署大数据战略，推动大数据产业的发展。

2012 年 12 月，英国数据战略委员会成立了世界上首个非营利性的开放数据协会，英国政府也发布了《开放数据白皮书》。2014 年 5 月 1 日，美国发布了《美国白宫：2014 年全球"大数据"白皮书》。欧盟委员会除在资助"大数据"和"开放数据"领域的研究和创新活动外，还启动了"连接欧洲设施"（Connecting Europe Facility，CEF）计划。2014 年 8 月，联合国开发计划署携手科技企业共建了大数据实验室。

2015 年 8 月 31 日，我国颁布《促进大数据发展行动纲要》，把大数据上升到国家战略高度，大力推动大数据的发展和应用。北京、上海、江苏、广东以及贵州等省市也纷纷出台鼓励大数据产业发展的地方政策，把大数据产业作为重点发展的战略性新兴产业。

4.2.2 大数据用于物联网的关键技术

一般来说，在物联网中，被广泛应用的大数据关键技术包括大数据采集技术、大数据储存技术、大数据分析技术以及大数据可视化技术。

1. 大数据采集技术

大数据时代，数据的采集渠道极其广泛，特别是随着移动互联网和物联网的发展，来自外部社交网络、可穿戴设备、车联网、物联网及政府公开信息平台的数据将成为大数据增量数据资源的主体。数据产生以及采集方式的发展为大数据的获得提供了重要基础。

数据采集一般可分为设备数据收集和 Web 数据爬取两类。不同领域对应的数据采集方法也不同，常用的数据收集软件有 Splunk、Sqoop、Flume、Logstash、Kettle 以及各种网络爬虫或网站公开 API 等方式。获取的大数据按照结构的不同，可分为结构化数据、非结构化数据以及半结构化数据。

目前，大数据采集方面的问题突出表现在两个方面：一是外部数据资源越来越丰富，但由于当前大数据采集技术所限，可获得性还不高，特别是物联网设备产生的采集很多还达不到实用性的要求；二是由于体制机制等方面的原因，行业条块分割，导致数据孤岛现象严重，使数据跨行业、跨领域融合存在诸多障碍。

2. 大数据存储技术

不同的大数据应用要求不同的存储介质和组织管理形式。数据存储介质类型包括内存、磁盘、磁带等；主要数据组织管理形式包括按行组织、按列组织、按键值组织和按关系组织等。

当大数据应用仅仅为了响应用户简单的查询或者处理请求，且数据量在轻型数据库存储能力范围内时，可将大数据存储至轻型数据库内。轻型数据库包括关系型数据库（SQL）、非关系型数据库（NoSQL）以及新型数据库（NewSQL）等。

当大数据应用是复杂的挖掘请求或者数据量存储超过轻型数据库存储能力时，一般将大数据导入分布式存储数据库。分布式存储与访问是大数据存储的关键技术，它具有经济、高效、容错好等特点。分布式存储技术与数据存储介质的类型和数据的组织管理形式直接相关。分布式文件系统中的每个节点可以分布在不同的地点，通过网络进行节点间的通信和数据传输。分布式文件系统中的文件在物理上可能被分散存储在不同的节点上，在逻辑上仍然是一个完整的文件。使用分布式文件系统时，无须关心数据存储在哪个节点上，只需像本地文件系统一样管理和存储文件系统的数据。目前，常用的分布式磁盘文件系统有 HDFS、GFS、KFS 等，常用的分布式内存文件系统如 Tachyon 等。

随着宽带网络技术、Web 2.0 技术、应用存储技术、集群技术、存储虚拟化技术的发展，云环境下的大数据存储将成为未来数据存储的发展趋势。

3. 大数据分析处理技术

大数据的价值在于通过数据逼近现实、预测未来，从而指导人们的实践。在大数据体现价值前，需要通过一定的技术对大数据进行处理和分析。

首先要对数据进行预处理，即通过数据清理、数据集成、数据规约及数据转换，提升数据质量，为数据处理、分析、可视化做好准备。所以，预处理技术也可以分为 4 类：数据清理技术、数据集成技术、数据规约技术和数据转换技术。目前，针对流式数据预处理技术主要分为基于数据的技术以及基于任务的技术。

数据预处理的目的是为了提高数据处理的效率及响应速度。目前，主要的数据处理计算模型包括 MapReduce 计算模型、DAG 计算模型、BSP 计算模型等。

数据分析是通过对大数据的技术处理获取有价值的知识，为不同行业的应用提供智能服务。大数据分析技术包括分布式统计分析技术、分布式挖掘技术和深度学习。其中，分布式统计分析技术是针对已有的数据信息，分布式挖掘技术和深度学习是针对未知数据信息。

4．大数据可视化技术

降低大数据使用难度，有效地在大数据与用户之间传递信息，这都使大数据可视化成为必要。数据可视化（Data Visualization）运用计算机图形学和图像处理技术，将数据转换为图形或图像在计算机屏幕上显示，并进行交互处理。大数据可视化与传统数据可视化的不同点在于大数据可视化技术要考虑大数据的"4V"特征，能够支持交互并实时更新。

大数据可视化技术包括数据信息的符号表达技术、数据渲染技术、数据交互技术以及数据表达模型技术。

4.2.3　大数据与物联网的密切关系

从物联网和大数据产业发展的里程来看，物联网的应用是造成数据"爆炸"的直接原因之一。物联网中大量的传感器、视频监控摄像头、电网监控与工业控制系统每天都将产生巨量的数据，大数据研究就是在这样一个大背景下产生的。物联网的概念从 20 世纪末提出以来一直都停留在 "设想" 阶段，没有实质性的发展，很大的原因是技术水平不能满足物联网发展的需要。反过来，近几年物联网之所以能够取得突破，也是因为大数据等技术的发展。

在物联网时代，物物互联、人物互联只是物联网的表现形式，数据的采集和应用才是核心。对物联网产业来说，它的发展离不开大数据技术的支持。物联网应用每时每刻都在产生海量的数据，但这些数据并不能直接使用，需要通过大数据的采集、存储、处理、分析和可视化，才能为人们所用。可以说，没有大数据技术便没有物联网的快速发展；反过来，当前大数据技术还远不能满足物联网应用的需要。目前，大数据本身还存在着大数据的获取与管理、数据处理以及数据应用模式等方面的问题，这也是制约物联网产业发展的重要因素。对物联网企业来说，最大的挑战不是 "联网"，而是数据处理。据统计，目前仅有 1/3 的欧洲企业可以分析它们的物联网项目中所产生的大量数据。也就是说，大部分物联网数据中隐藏的价值都没有被利用。物联网企业只有从数据中洞察机会，为消费者提供定制化、智能化的服务，才能提高用户体验。因此，一个物联网企业能否取得成功，关键在于能否充分利用收集到的数据。

4.3

云计算技术赋能物联网

处理数据只是数据时代让数据发挥价值的一环，存储数据与算力服务其实也同样重要。传统的数据存储方式有很多的弊端，例如成本高、风险大等。由此应运而生的云计算技术不仅帮助众多企业解决了难题，同时也给整个物联网行业轻量化运行插上了翅膀。

4.3.1　云计算是一种计算模式

云计算的概念最早由 IBM 公司于 2007 年年底的《云计算计划》报告中提出，指一种将虚拟化资源通过互联网以服务的方式提供给用户的计算模式。自 20 世纪 60 年代以来，计算模式经历了由集中计算、分布式计算、桌面计算、网格计算、SaaS 计算到云计算的演变。从本质上说，云计算并不是一个全新的概念。在云计算概念被提出来之前，云计算的思想早已有之，学界和产业界也先后提出了集群计算、效用计算、网格计算以及服务计算等技术，云计算就是在这些技术的基础上发展起来的。

云计算可有效解决传统企业软硬件维护成本高、部署新的应用系统周期长等问题。在企业的信息系统的投入中，只有 20% 的投入是用于软硬件的更新，而 80% 的投入是用于系统维护。根据 2006 年 IDC（互联网数据中心）对 200 家企业的统计，部分企业的信息技术人力成本达到每人 1320 美元 / 每台服务器，而部署一个新的应用系统平均需要花费 5.4 周。

IBM 公司在其技术白皮书中给云计算下的定义是，云计算一词用来同时描述一个系统平台或者一种类型的应用程序。一个云计算的平台按需进行动态的部署（Provision）、配置（Configuration）、重新配置（Reconfigure）以及取消服务（Deprovision）等。在云计算平台中，服务器可以是物理的或者虚拟的。高级的计算云通常包含一些其他计算资源，例如存储区域网络（SANs）、网络设备、防火墙以及安全设备等。云计算在描述应用方面，它描述了一种可以通过互联网进行访问的可扩展的应用程序。云应用使用大规模的数据中心以及功能强劲的服务器来运行网络应用程序与网络服务，任何一个用户通过合适的互联网接入设备以及一个标准的浏览器就能访问一个云计算应用程序。

简单地说，云计算是一种利用互联网实现随时随地、按需、便捷地访问共享计算设施、存储设备、应用程序等资源的计算模式。云计算采用计算机集群构成数据中心，并以服务的形式交付给用户，使用户可以像用水、电一样按需购买云计算资源。

目前，越来越多的公司开始提供云计算服务，例如谷歌的云计算平台以及云计算的网络应用程序，IBM 公司的"蓝云"平台产品以及 Amazon 公司的弹性计算云等。云计算主要的服务类型有 3 种，按照市场进入条件从高到低依次是 IaaS、PaaS 及 SaaS。

计算资源的服务化是云计算的重要表现形式。云计算的核心思想是资源池，池的规模可以动态扩展，而使用资源池中的丰富的软硬件资源可以像煤气、水和电一样，取用方便，费用低廉。

云计算的特征主要表现在以下几个方面。

（1）弹性服务。云计算服务的规模可以快速伸缩，以自动适应用户业务的动态变化。

（2）资源池化。云计算利用虚拟化技术，将资源按需分配给不同用户。资源以共享的形式统一管理。资源的放置、管理与分配策略对用户透明。

（3）按需服务。云计算以服务的方式，根据用户需求，自动分配资源，而不需要系统管理员干预。

（4）服务可计费。云计算可以监控用户的资源使用量，并根据资源的使用情况对服务计费。

（5）泛在接入。用户可以利用各种终端设备（例如 PC、笔记本计算机、智能手机和各种移动终端系统），随时随地通过互联网访问云计算终端。

4.3.2 云计算能用于物联网的关键技术

按照基础设施所有权的不同，云计算的部署模式可以分为 4 种：私有云（Private Cloud）、社区云（Community Cloud）、公共云（Public Cloud）以及混合云（Hybrid Cloud），如图 4-2 所示。其中，公共云最能体现云计算的本质。

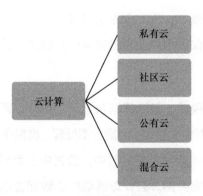

图 4-2 云计算的部署模式

云计算由 4 个部分组成：云平台、云终端、云存储和云安全。云平台是云计算系统的核心组成部分。它作为提供云计算服务的基础，管理着数量巨大的底层物理资源（CPU、存储器与交换机），以虚拟化技术来整合一个数据中心或多个数据中心的资源，屏蔽不同底层设备的差异性，统一分配和调度计算资源、存储资源和网络资源，以一种透明的方式向用户提供包括计算环境、开发平台、软件应用在内的多种服务。从用户的角度看，云平台可以分为两类，即公有云和私有云。云终端使用虚拟化技术，只要连入互联网或物联网的终端设备都可以访问云计算平台。基于虚拟化的云终端技术极大地减轻了终端设备对本地操作系统、硬件平台版本的依赖，将会引发终端设备使用方式的变革。云存储基于云平台，结合传统的大规模、可扩展的海量存储、计算机网络、数据网络、虚拟化、文件系统的概念与技术，面向大规模、高效、可扩展、可定制的应用系统，提供安全、廉价、按需使用的专业化仓储服务。云存储服务的出现，使得用户不需要为部署一种物联网应用服务来专门购置昂贵的设备，减少了日常维护的人员与费用，提高了存储资源的利用率，降低了能耗，增强了系统的可扩展性、可维护性与安全性，加快了应用系统部署的速度，提高了工作效率。云安全提供可靠、可信的云环境以保护用户数据的安全，而能否保证用户使用的安全性是制约云计算应用发展的主要因素。

作为一种计算模式，云计算综合运用了多种计算机技术，关键技术包括编程模型、数据中心管理、海量数据处理、虚拟化、云计算平台管理、QoS 保证以及安全与隐私保护。其中，数据中心管理、海量数据处理、虚拟化 3 种技术最为关键。云计算系统中的数据管理技术主要是谷歌的 BT（Big Table）数据管理技术，以及 Hadoop 团队开发的开源数据管理模块 HBase 和 Hive。云计算系统采用分布式存储的方式存储数据，用冗余存储的方式保证数据的可靠性。云计算系统中广泛使用的数据存储系统是谷歌的 GFS 和 Hadoop 团队开发的 GFS 的开源实现 HDFS。虚拟化技术是云计算系统的核心组成部分之一，是将各种计算及存储资源充分整合和高效利用的关键技术。目前，云计算中虚拟化技术主要包括将单个资源划分成多个虚拟资源的裂分模式，也包括将多个资源整合成一个虚拟资源的聚合模式。

4.3.3 云计算是物联网的基础设施

由于云计算技术带来的种种好处，"上云端"成为物联网发展的必然趋势。也正是云计算在技术上的突破，才有了近几年物联网行业的快速发展。云计算之所以能够促进物联网应用的快速发展，是因为它解决了物联网发展的两个重要问题。

首先是计算与存储技术的问题。物联网具有显著的异构性、混杂性和超大规模的特点，物联网的这些特点也决定了感知层数据为异构的、复杂的、大规模的实时数据。物联网数据的这些特点使得传统意义上数据分析与存储技术不能满足物联网应用的需要。

另外，在现有技术环境下，用户终端设备（如智能手机）的计算资源以及存储资源都极其有限，但有些应用请求需要物联网中大型服务器集群协同进行，传统的计算模式显然不能满足这样的应用请求。云计算的技术特点可以完美地解决这一问题。云计算相对于传统的计算模式具有高速互联网连接、近乎无限的计算和存储资源。当通过云计算相关技术把强大的计算能力按需分配到终端设备后，终端设备就能像超级计算机一样对应用请求进行处理，快速响应。

其次是基础设施的成本问题。在物联网企业中，IT 基础设施投入是一个必须考虑的问题，因为 IT 基础设施不仅部署成本不菲，维护成本也很高昂。传统计算模式另外一个问题是，因为访问量会因时间的不同而变化，这就使得一大部分的资源被闲置，导致资源的平均利用率降低。在传统计算模式时代，这甚至成为行业进入的一个壁垒。想象一下，在传统计算模式时代，如果一家企业想要进入物联网行业，它必须投入大量资金来进行IT基础设施建设，不仅投入巨大，基础设施建设的周期也很长，这很可能会使新进入物联网行业的企业错失市场机会。

云计算模式能够很好地解决IT基础设施建设和维护成本高昂的问题。因为云计算是一种弹性服务，云计算服务的规模可以快速伸缩，并且可以做到按需服务，根据用户需求，自动分配资源。在云计算模式的时代，如果一家企业想要进入物联网行业，它不必投入大量资金进行IT基础设施建设，这就解决了物联网行业进入投入壁垒的问题。同时，云计算部署快捷，新进入的企业也不会因为数据的计算和存储问题错失市场机会。

4.4

AI 技术赋能物联网

我们可以预见，对于物联网时代带来的巨大实时数据量，目前的数据处理技术是远远不能满足处理需求的。这就要求我们要有更高效率的技术工具来处理数据。AI 技术就是一个很好的工具。事实上，正是 AI 技术的发展，才让物联网有更大的落地机会。

4.4.1 AI 时代到来

2016 年 3 月 9 ～ 15 日，在韩国首尔举行了为期 6 天的围棋世界大战。这场比赛的一方为世界围棋冠军、韩国名将李世石，另一方为谷歌公司研制的拥有 1200 个 CPU 的人工智能程序 AlphaGo，结果 AlphaGo 以 4∶1 胜出。这场被称为"人机世界大战"的对决激起了一场关于人工智能的全民讨论。人们开始担忧"机器人会抢了人类的饭碗""人工智能将毁灭世界"。2017 年，AlphaGo 又打败了柯洁，再一次引发热议，各大媒体相继进行了重点报道，这标志着 AI 时代正式拉开了序幕。

实际上，人工智能的概念在 20 世纪 50 年代就已经出现了。1956 年 8 月，在美国的汉诺斯小镇达特茅斯学院中召开了一场以用机器来模仿人类学习以及其他方面的智能为主题的会议，这场会议正式提出了"人工智能"的概念。1956 年也被称为"人工智能元年"。人工智能诞生后，虽然基于抽象数学推理的可编程数字计算机已经出现，但随着计算任务的复杂性不断加大，人工智能发展一度遇到瓶颈。直到进入 21 世纪，随着互联网的普及、大数据的积累、计算能力的提升，人工智能领域才迎来了一个繁荣时期。特别是在 2010 年以后，人工智能迎来了爆发式的增长，这波增长最大的驱动力是大数据时代的来临、运算能力及机器学习算法得到提高。现在，人工智能在很多应用领域取得了突破性的进展。人工智能在金融、安防、客服等行业领域已实现应用，在特定任务中，语义识别、音频识别、人脸识别、图像识别技术的精度和效率远超人工。

人工智能的特征是由人类设计，为人类服务，本质为计算，基础为数据；能感知环境，能产生反应，能与人交互，能与人互补；有适应特性，有学习能力，有演化迭代，有连接扩展。

作为新一代产业变革的核心驱动力，人工智能将催生新的技术、产品、产业，从而实现社会生产力的整体提升。人工智能属于新兴领域，发展方兴未艾，世界各国纷纷出台政策，鼓励人工智能的发展。例如，2016年5月，美国发表了《为人工智能的未来做好准备》；2016年12月，英国发布《人工智能：未来决策制定的机遇和影响》；在2017年4月，法国制定了《国家人工智能战略》；在2017年5月，德国颁布全国第一部自动驾驶的法律；2017年，我国出台了《新一代人工智能发展规划》《促进新一代人工智能产业发展三年行动计划（2018—2020年）》等政策文件，推动人工智能技术研发和产业化发展。

人工智能也是产业界的新宠，中国的行业巨头百度、阿里巴巴、腾讯纷纷布局人工智能。据统计，2007年中国人工智能公司接近400家。麦肯锡预计，到2025年，全球人工智能应用市场规模总值将达到1270亿美元。

人工智能已经成为众多智能产业发展的突破点。

4.4.2 AI时代与物联网

从技术角度看，人工智能和物联网都涉及众多技术领域，从产业发展的角度看，它们也是相互交叉。当前，在技术领域和投资领域，人工智能和物联网都是讨论的热门，世界范围内都在扶持这两个产业的发展。那么，它们之间到底有怎样的区别和联系？显而易见，人工智能和物联网在技术上侧重点不同。具体来说，人工智能是计算机学科的一个分支，它更加强调"智能"，即在没有人的干预下，模拟、延伸和扩展人的智能，让智能机器产生与人类智能相似的反应。而物联网是现代信息技术发展到一定阶段的技术聚合和提升，它更强调物物连接，就像物联网的美好愿景中描述的那样，物联网的目标是实现万物互联。

当然，人工智能和物联网无法完全分开，在现实生活中，人工智能和物联网可能就是一个物体的两个面，虽然人们站在不同的角度，但看到的是同一个物体。首先，在当前产业环境下，人工智能和物联网相互促进发展，物联网是人工智能和机器学习应用最好的载体，为人工智能的发展提供了巨大的需求，促进人工智能技术的进步和升级，人工智能的发展反过来也为物联网的发展提供了很好的技术基础。其次，从技术方面看，人工智能和物联网有着相同的基础技术，比如大数据技术、云计算技术等。

站在物联网的角度，人工智能在物联网中有着广泛的应用，物联网的发展离不开人工智能技术。人工智能在物联网中的应用主要通过两种方式：一种是利用编写程序的方式，使物联网系统变得更加智能化；另一种是利用模拟不同生物的机理在物联网中的应用，从而实现智能化。物联网中应用比较多的人工智能技术主要有专家系统、智能控制、智能化模块、数据挖掘、机器学习等。

人工智能可以在多个层次与物联网结合，让物联网变得更加智能。比如在感知层，物联网应用一定的设备（如传感器）采集数据，但目前传统传感器的功能单一，且存在着数据可用性不足的问题，而在传统传感器上应用人工智能技术，让传感器变得智能起来（即智能传感器），则会让物联网在数据采集方面采集到更多、更有效的信息。在网络层，应用人工智能技术可以对传感器采集的数据进行数据处理，以便在应用层使用，该层次的智能化程度直接影响到整个物联网的智能化水平。在应用层，人工智能可以提供智能决策，根据不同信息给出不同的反应，让物联网真正"智能"起来。

物联网和人工智能的融合，将使物联网智能起来，也让整个人类进入物联智能时代。

4.5
科大讯飞：人工智能领域的隐形领跑者

4.5.1 科大讯飞是谁

2017 年 11 月 15 日，科学技术部在北京宣布首批国家新一代人工智能开放创新平台名单：依托百度公司建设自动驾驶国家新一代人工智能开放创新平台，依托阿里云公司建设城市大脑国家新一代人工智能开放创新平台，依托腾讯公司建设医疗影像国家新一代人工智能开放创新平台，依托科大讯飞公司建设智能语音国家新一代人工智能开放创新平台。据此，媒体把百度、阿里巴巴、腾讯以及科大讯飞称为中国人工智能国家队，合称"BATI"。

科大讯飞全名为科大讯飞股份有限公司，由中国科学技术大学（以下简称"中科大"）的学生刘庆峰带着自己的 18 位同学于 1999 年在合肥创立，是一家专业从事智能语音及语言技术、人工智能技术研究，软件及芯片产品开发，语音信息服务及电子政务系统集成的国家级骨干软件企业。实际上，科大讯飞是在中国智能语音与人工智能领域的佼佼者，其在语音合成、语音识别、口语评测、自然语言处理等多项技术上拥有国际领先的成果。科大讯飞是我国唯一以语音技术为产业化方向的"国家 863 计划成果产业化基地""国家规划布局内重点软件企业""国家高技术产业化示范工程"，并被原信息产业部确定为中文语音交互技术标准工作组组长单位，牵头制定中文语音技术标准。

2008 年，科大讯飞在深圳证券交易所挂牌上市，成为中国语音产业界首家上市企业。2010 年，科大讯飞发布全球首个移动互联网智能语音交互平台——"讯飞语音云"，宣告移动互联网语音听写时代到来。2014 年，随着人工智能时代的到来，科大讯飞推出了"讯飞超脑计划"，目标是让机器不仅"能听会说"，还要"能理解会思考"。2015 年，科大讯飞重新定义了万物互联时代的人机交互标准，发布了对人工智能产业具有里程碑意义的人机交互界面——人工智能 UI。2016 年，围绕科大讯飞人工智能开放平台的使用人次与创业团队成倍增长，带动超百万人进行"双创"活动。截至 2017 年 1 月，讯飞开放平台在线日服务量超 30 亿人次，合作伙伴达到 25 万家，用户数超 9.1 亿。

随着移动互联网时代的到来，科大讯飞发布了全球首个提供移动互联网智能语音交互能力的讯飞开放平台，并持续升级优化。基于该平台，科大讯飞相继推出了讯飞输入法、灵犀语音助手等示范性应用，并与合作伙伴携手推动各类语音应用深入手机、汽车、家电、玩具等各个领域。基于拥有自主知识产权的世界领先智能语音技术，科大讯飞推出从大型电信级应用到小型嵌入式应用，从电信、金融等行业到企业和消费者用户，从手机到车载，从家电到玩具，能够满足不同应用环境的多种产品。科大讯飞已占有中文语音技术市场 70% 以上市场份额。

科大讯飞坚持"平台＋赛道"战略，推动行业应用加速落地，在感知智能、认知智能以及结合领域均取得显著成果，在语音合成、语音识别、常识推理等领域处于全球领先地位。公司在客服、教育、司法、医疗和智慧城市等重点行业的各条赛道上，通过整合"核心技术＋行业数据＋行业与家"，聚焦需求持续迭代，推动人工智能应用落地。

4.5.2　人工智能领域的隐形领跑者

科大讯飞核心技术已经处于国际领先地位。

在语音合成领域，自 20 世纪 90 年代中期以来，在历次的国内外语音合成评测中，各项关键指标均名列第一。不仅中文语音合成技术超过了普通人说话水平，而且在英语等多语种语音合成上牢牢树立了国际领先地位。

在语音识别和声纹语种领域，NIST（美国国家标准与技术研究院）国际评测大赛是国际上规模最大、影响力最广泛的评测比赛。它由 NIST 举办。自 2000 年以来，语种识别评测已成为 NIST 举办的语音技术相关的常规评测项目之一。参赛单位有美国麻省理工学院、法国国家科研中心计算机科学实验室、捷克布尔诺科技大学、清华大学等 17 家国内外顶级语音研究机构。科大讯飞自 2008 年开始分别参加隔年举办的说话人识别和语种识别评测比赛。在说话人识别比赛上，科大讯飞于 2008 年荣获说话人识别评测大赛全球第一名，2010 年荣获核心测试综合评价第二名。在语种识别比赛上，科大讯飞于 2009 年荣获高混淆方言对识别指标综合排名冠军、通用测试指标综合排名亚军，2011 年在 9 个高混淆度方言队评测中获 7 个第一名。

在语音评测领域，科大讯飞的智能评测系统经国家语委组织的鉴定和对比测试，结果表明"核心技术已经到达国内和国际领先水平""系统评分性能与国家级评测员高度一致"。科大讯飞的中文评测技术是全国首个通过国家语委鉴定并大规模实用的技术，已累计完成近千万人次的国家普通话等级考试，并在全国 5000 万中小学师生的课堂教学中使用。英文评测技术在多个地区的中高考等重大考试中全面应用，累计完成数百万人次的考试。在语音识别技术体系的基础上，科大讯飞创新性地研发出业界唯一可精确反映音准、节奏和歌词演唱准确度的音乐评测技术，广泛应用于相关的产品和服务中。

第 5 章
驱动物联网的其他技术

5.1

IPv6 与物联网

在物联网中，如何寻找到某一个特定的物联网设备并且对其发送操作指令是一个十分重要的技术问题。得益于 IPv6 技术的成熟运用，物联网可以实现某个设备的精准控制。

5.1.1　部署问题迫在眉睫

IPv6 意为互联网通信协议第六版，是英文 Internet Protocol version 6 的简称，是 IPv4 的替代版本。全球 IPv4 地址已于 2011 年 2 月分配完毕。自 2011 年开始，我国 IPv4 地址总数基本维持不变，截至 2017 年 12 月，共计约有 3.4 亿个。随着物联网的发展，越来越多的设备接入网络，IPv4 网址匮乏的问题也日渐突出。不仅如此，IPv4 还存在着性能不足、不够安全等技术缺陷。

IPv6 地址的表达形式采用 32 个十六进制数，由一个 64 位的网络前缀和一个 64 位的主机地址两部分组成，主机地址通常根据物理地址自动生成，称为 EUI-64（或者 64 位扩展唯一标识）。IPv6 可以支持更多级别的地址层次，允许协议进行扩充，并且实现了无状态地址自动配置。IPv6 不仅能解决 IPv4 地址短缺的问题，还具有更高的安全性，减少处理器开销，并节省网络带宽，能够更好地支持移动通信，促进互联网多媒体应用的发展。

世界各国均已意识到了部署 IPv6 的重要性及紧迫性，纷纷出台 IPv6 部署战略。欧盟、日本、美国、韩国、加拿大等发达国家更是前瞻性地提早布局了 IPv6。欧盟于 2018 年发布了《欧洲部署 IPv6 行动计划》，美国于 2010 年 9 月发布了 IPv6 行动计划，韩国也于 2010 年 9 月发布了《下一代互联网协议（IPv6）促进计划》，加拿大于 2012 年 6 月发布了《加拿大政府 IPv6 战略》。

相比美国等国家，我国人均只有 0.6 个 IPv4 地址，因此也更渴望 IPv6。早在 2003 年，我国就发起了第一个 IPv6 项目——中国下一代互联网示范工程（CNGI）项目。该项目的主要目的是搭建以 IPv6 为核心的下一代互联网的试验平台。此项目的启动标志着我国的 IPv6 进入了实质性发展阶段。2017 年 11 月，中共中央办公厅、国务院办公厅印发的《推进互联网协议第六版（IPv6）规模部署行动计划》（以下简称《计划》）中把推进 IPv6 部署上升为网络强国计划的一部分。《计划》中指出，到 2020 年末，市场驱动的良性发展环境日臻完善，IPv6 活跃用户数超过 5 亿，在互联网用户中的占比超过 50%，新增网络地址不再使用私有 IPv4 地址，并在以下领域全面支持 IPv6：国内用户量排名前 100 位的商业网站及应用，市地级以上政府外网网站系统，市地级以上新闻及广播电视媒体网站系统；大型互联网数据中心，排名前 10 位的内容分发网络，排名前 10 位云服务平台的全部云产品；广电网络，第五代移动通信技术（5G）网络及业务，各类新增移动和固定终端，国际出入口。到 2025 年末，我国 IPv6 网络规模、用户规模、流量规模位居世界第一位，网络、应用、终端全面支持 IPv6，全面完成向下一代互联网的平滑演进升级，形成全球领先的下一代互联网技术产业体系。

根据 APNIC Labs 公布的数据，截至 2018 年 1 月，全球 IPv6 用户普及率排在前 10 位的国家（地区）依次是比利时、印度、德国、美国、希腊、瑞士、卢森堡、英国、乌拉圭、葡萄牙。中国 IPv6 用户普及率为 0.39%，排名 67 位。全球 IPv6 用户数排名前 10 位的国家（地区）依次是印度、美国、德国、日本、巴西、英国、法国、加拿大、比利时、马来西亚。中国排名为第 14 位。

5.1.2 万物互联必经之路

物联网的发展为 IPv6 的发展提供了巨大的需求，IPv6 也是万物互联的必经之路。

从技术上看，实现万物互联的美好愿景，除了需要特殊的设备，如传感器等，还需要为每个"物"设置一个 IP 地址。由于 IPv4 已经枯竭，海量智能设备对地址的需求却日益增强。所以，有人说物联网最大瓶颈是 IP 地址缺乏。退一步讲，即使地址充足，IPv4 技术也不能满足未来物联网产业发展的需要，这是由 IPv4 技术本身的缺陷造成的。例如，现在互联网的移动能力不够、网络质量不能满足物联网的特殊需求、安全性和可靠性不强等。

IPv4 向 IPv6 过渡的方案主要有 3 种，分别是双栈、翻译和隧道。双栈技术可以实现网络设备同时支持 IPv4、IPv6 双协议，两套协议互不干扰；翻译技术可以让已有的 IPv4 用户和服务能够与新的 IPv6 用户和服务的互联互通；隧道技术用来解决 IPv4 和 IPv6 共存网络中的穿越问题。这 3 类过渡技术基本涵盖了所有的 IPv4 向 IPv6 过渡的场景。

基于 IPv6 的物联网关键技术主要有 IPv6、6Lo WPAN、RPL 路由协议，以及 Co AP 协议等。相较于 IPv4 技术，IPv6 技术具有如下优势可以助力物联网的发展：巨大的地址空间、地址自动配置（即插即用）技术、提高服务质量（QoS）、提高安全性、IPv6 对移动通信的支持、扩展灵活、IPv6 对感知层的支持。可以说，作为基础网络技术，IPv6 为物联网产业的发展提供了有力的保障。

5.2

区块链技术 + 物联网

5.2.1 区块链技术是近几年的风口

近几年，区块链技术与应用在世界范围内引起广泛关注，它被认为是继大型计算机、个人计算机、互联网之后计算模式的颠覆式创新，很可能在全球范围内引起一场新的技术革新和产业变革，也被很多大型机构称为彻底改变业务乃至机构运作方式的重大突破性技术。

区块链技术是从比特币这一应用衍生出来的技术，它起源于一篇名为《比特币：一种点对点电子现金系统》的论文。在这篇文章中，作者认为区块链技术是比特币构建的基础性技术。区块链技术和云计算、大数据一样，并不是单一的信息技术，而是分布式数据存储、点对点传输、共识机制、加密算法等计算机技术的组合与创新，从而实现前所未有的功能。通常来说，区块链技术是利用块链式数据结构来验证与存储数据、利用分布式节点共识算法来生成和更新数据、利用密码学的方式保证数据传输和访问的安全、利用由自动化脚本代码组成的智能合约来编程和操作数据的一种全新的分布式基础架构与计算范式，具有分布式对等、链式数据块、防伪造和防篡改、透明可信和高可靠性等典型特征。

很多机构，特别是金融机构对区块链技术在改善其中后端流程效率及降低运作成本等方面持较为积极的态度。除了金融服务以外，区块链技术在智能制造、物联网、供应链、文化娱乐、社会公益、教育就业等方面也有着较为广阔的应用前景。

也正基于此，美国、英国、俄罗斯、新加坡等纷纷布局区块链技术。美国于 2015 年 12 月推出基于区块链技术的证券交易平台 Linq；英国于 2016 年 1 月发布区块链技术专题研究报告。我国在 2016 年 12 月 15 日发布的《"十三五"国家信息化规划》中提出，要加强区块链等新技术基础研发和前沿布局，构筑新赛场先发主导优势；在 2017 年 8 月 24 日印发的《国务院关于进一步扩大和升级信息消费持续释放内需潜力的指导意见》中指出，鼓励利用开源代码开发个性化软件，开展基于区块链、人工智能等新技术的试点应用。

5.2.2　区块链应用在物联网中的关键技术

区块链基础技术主要包括 P2P 网络技术、非对称加密算法、数据库技术以及数字货币技术。P2P 网络技术是区块链核心技术之一，在比特币出现之前 P2P 网络技术已经被广泛使用，P2P 网络模式是一种去中心化的网络模式，P2P 网络技术是区块链系统连接各对等节点的组网技术。非对称加密算法是指使用公私钥对数据存储和传输进行加密和解密，区块链使用非对称加密的公私钥对来构建节点间信任。数据库技术是计算机技术的基础技术，当然也是区块链的基础技术。实质上，区块链就是一种无中介参与，在互不信任或者弱信任的情况下，参与者之间维系一套不可篡改的账本记录的方式。

一般来说，区块链技术包含数据层技术、网络层技术、共识层技术、激励层技术、合约层技术。其中，数据层技术有数据区块、链式结构、时间戳、哈希函数、Merkle 树以及非对称加密技术。网络层技术涉及 P2P 网络技术、数据传输协议、数据验证机制。共识层技术涉及 PoW（Proof of Work，工作量证明）共识机制、PoS（Proof of Stake，权益证明）共识机制以及 DPoS（Delegated Proof of Stake，股份权益证明）共识机制。激励层技术包含发行机制、分配机制。合约层技术有脚本代码、算法机制以及智能合约。

5.2.3　区块链 + 物联网模式

目前，物联网已经进入快速发展的关键时期，但物联网产业的发展还面临着诸多问题：一是物联网发展成本过高，这也是阻碍物联网家庭消费领域发展的重要原因之一；二是物联网安全问题逐渐突出；三是物联网数据隐私问题亟须解决。

物联网成本高昂的主要原因之一是现有的集中运行模式，中心化云和大型服务器群相关的基础设施建设和维护的成本十分高昂。在小规模物联网中，这一问题还不是特别突出，在物联网连接到几亿甚至几十亿台设备后，成本将呈现指数级增长。区块链技术分布式计算模式利用点对点计算处理物联网中发生的数以亿计的交易，能够显著降低中心化数据库建设和维护的成本。

随着物联网的发展，安全问题也日渐凸显。物联网一般是通过无线网络获取信息、传递信息的，无线网络设备容易遭到攻击，无线网络本身也具有开放性的特点，缺乏安全保障的节点十分脆弱，设备之间传输的无线信号很容易被非法窃听、干扰和屏蔽。区块链技术通过共识机制确保物联网安全性，物联网分布式计算模式可以为物联网提供信任、所有权记录、透明性和通信支持，从而构建可信、安全的网络。

物联网数据的真实性和隐私性与安全问题紧密相关，区块链技术通过区块链溯源，确保所获得的信息的真实性；通过身份验证、授权机制等技术，从存储、信息传递等方面保证物联网的安全和隐私性。

最重要的是，区块链技术"去中心化"的思维模式将深刻影响物联网发展的方方面面，比如区块链技术将改变物联网信息交换的方式，传统的中心化网络连接方式，分属不同的业务提供商、不同的平台，因此设备之间无法进行直接信息的交换或交易，这种信息交换模式不仅效率低，而且需要业务提供商之间达成一致，并需要平台之间互联互通技术的支持。利用区块链技术在物联网中的部署，可以实现设备之间对等信息的交换。

第 6 章
物联网面临的安全挑战

6.1

安全是物联网发展的重中之重

物联网是一种无处不在的连接的范例，几乎所有的虚拟和物理的设备都被期望嵌入互联网协议（IP）套件中，实现彼此连接。通过使用独特的标识符，这些被连接的智能设备可以通过多个网络进行通信，形成一个更大的基于 IP 的互联网络，或者一个连接设备的生态系统。这些设备包括一些常见的，如台灯、烤面包机、可穿戴设备、牙刷，以及几乎每个人都能想象得到的东西；也包括一起不常见的，如用于机器对机器（M2M）通信、植入式和其他医疗设备、智能城市、智能电网、车辆对车辆（V2V）通信等的嵌入式传感器设备。物联网现象的另一个重要组成部分是机器对人（M2H）通信。有限计算能力、内存和电量资源受限的设备，以及有损耗的网络通道，如无线传感器网络（WSNs）、负责信息采集等，也构成了物联网生态系统的组成部分。

目前，推动物联网发展的技术包括传感器技术、无线射频识别、微机电系统（MEMS）技术、纳米技术、智能物、能源收获、云计算、无线连接技术以及互联网协议第六版，这些技术之间的交互正在孕育一种新的通信形式，使系统、设备和人之间能够无缝地交换信息，从而为物联网提供一个支持平台。因此，普通电子设备和许多其他设备现在都是用通信、计算和数字传感能力制造的。物联网的应用使这些设备能够感知它们的生产环境并参与数据交换。

　　尽管物联网有很多潜在的优势，事实上，它正在影响越来越多的企业和创造新的令人兴奋的机遇，然而，仍有许多需要解决安全和隐私的挑战。通过互联网连接难以计算的远程控制智能设备（其中一些是资源受限的）的想法引发了关于用户安全和隐私的警报。因此，本章的重点是探讨物联网设备所面临的安全问题，以及解决的办法。

6.2

物联网安全的影响

　　随着经济、社会和物联网技术不断进步，物联网不仅吸引了投资者、用户和研究人员的兴趣，也吸引了那些想将联网设备变成网络攻击武器或窃取数据的非法用户。虽然使用物联网的目的是使日常生活更便捷，但是连接大量的非传统的计算设备（如智能喷水装置和智能冰箱）在互联网上是危险的，因为一个设备上的一个或几个安全问题会影响同一或不同网络上的许多设备，甚至会给个人和企业带来重大安全和隐私隐患。例如，攻击者可以使用像智能电视这样的连接设备，在网络上发起拒绝服务（DoS）或中间人攻击。可以考证的第一个物联网僵尸网络攻击，使用的就是大约 10 万个普通智能家居小工具，包括智能电视、家庭网络路由器等我们常用的电子产品。这些攻击发生在 2013 年 12 月 23 日至 2014年 1 月 6 日之间，黑客利用这些被侵入的设备，发送了大约 75 万封恶意垃圾邮件，针对的是世界各地的一些企业和个人。

由于物联网的迅速普及，可以肯定的是，越来越多的用于收集各种数据的设备，将部署或嵌入到不同的系统中，进一步部署到工作场所、房间，甚至是我们难以接触到的地方等。这巨大的数据捕获活动将会不断扩张，对公司和个人的信息安全和隐私数据威胁也将随之增加。这些设备中的大多数构成了许多潜在的安全风险，这些风险可能被恶意攻击者利用。考虑到一些智能设备简易使用的功能，我们不难推测一些用户甚至可能不知道他们正在被记录或跟踪，他们的数据正在后台被秘密窃取。随着物联网设备产生更多的数据，保护数据将成为物联网安全工作的重中之重。

促使物联网数据成为恶意用户攻击目标的一个激励因素是，这些设备的数据可以通过互联网直接连接，并且可以通过安全措施很少或没有安全措施的不完整的智能设备进行访问。因此，确保每个设备的安全是物联网商业化过程中至关重要的一环。

6.3

物联网安全的最终目标

自 1989 年万维网诞生以来，保护隐私一直是人们关注的问题。物联网的到来加剧了人们对互联网隐私的担忧，预计数据泄露风险将会比以前更大，因为物联网已经开始成形，并且每天都在创建数以千计的新的应用程序域，这些应用又会涉及几千个场景下的各种数据。这可以归因于这样一个事实：保护物联网设备和系统比保护传统计算机和相关系统对安全管理员的挑战更大。物联网设备可以自主操作，也可以远程控制。当这些设备相互作用并与人类交互时，它们将收集、处理和传输有关环境、对象和人类的数据。

类比一下，因智能手机信息泄露造成的危害同样可发生在物联网设备上。例如，在智能医疗等应用程序中，智能设备会留下可追踪的行为和用户位置的签名，一些恶意攻击者可以利用这些签名进行非法获利。如果没有足够的安全措施，攻击者可能会攻击并控制任何具有音频或可视能力的设备，并将其用于恶意监视。

目前，物联网获得了更多的用户认可，许多公司或企业已利用物联网传感器收集了大量关于客户和访客的数据信息。这些信息是从网络 Cookies、社交网络、移动应用、视频摄像头、RFID 手镯等收集的，存储的数据可能包含相当数量的个人敏感信息。令人不安的是，在大多数情况下，客户没有选择拒绝数据收集。虽然数据收集背后的动机可能是改善服务和客户体验，以及让公司根据数据确定新的业务机会，但使用这些个人数据可能会侵犯用户的隐私。作为每个网络设计的基本组成部分，安全是阻碍物联网全面部署的最大障碍之一。最近，在物联网上网络功击越来越多。一些攻击来自那些想要检查这些物联网设备性能的白帽黑客，其他攻击则来自恶意的实体，他们利用这类设备的已知漏洞来发现个人利益的敏感信息。因此，需要为物联网计划和实施一个良好的安全策略。只有在物联网设备和系统的设计过程中识别并实现新的安全目标，才能加强物联网信息安全，降低风险并改善风险管理流程。

　　安全目标（或需求）是描述需要在设计过程中满足功能性和非功能性目标的基本原则，以实现物联网系统的安全特性。明确地列出安全目标是将安全性引入设计过程的关键。在信息安全方面，有 3 种基本的安全原则，即机密性、完整性和可用性。这些原则通常被称为 CIA 三合会。随着时间的推移，这些基本原则已经扩展到其他安全需求，例如身份验证，访问控制、不可抵赖性和隐私保护。基本上，这些基本原则构成了信息技术系统中所有安全程序的中心目标。通常，为了满足一个或多个这样的需求，每个安全机制、维护和控制程序都被布置到系统中。同样，每一种程序的威胁、风险和脆弱性都被评估，因为它有可能破坏这些安全原则中的一个或多个而造成非常严重的后果。但是由于每个系统都有独特的安全目标，实现这些需求所需的安全级别在不同系统之间也有一定的差别。这种分级别确定的安全标准同样适用于所有的物联网系统。

　　考虑到物联网系统功能、设备类型和部署位置的多样性，没有一种适合所有情况的安全需求可以有效地用于物联网生态系统中的每个应用程序区域。虽然物联网系统从一个应用程序到另一个应用程序有很大的不同，但是一些应用程序可能共享共同的安全目标。针对大多数安全威胁的主要物联网安全需求，可以根据以下基本安全属性来描述，即机密性、完整性、可用性、身份验证、访问控制、不可否认性、安全引导和设备篡改检测。根据应用程序的领域，物联网系统或设备可能需要部分、全部或更多的上述安全需求。类似地，特定需求的实现完整度也取决于应用程序场景。

6.4

物联网几个基本安全问题

6.4.1　设计缺陷

随着物联网的出现和越来越多的网络流量，越来越多的公司将计算机和传感器嵌入到产品中，并将产品连入互联网。如今，计算机和传感器正被植入各种消费设备，甚至包括茶壶和衣服。

在对各种商业机会做出市场反应的过程中，一些制造商在产品上留下了许多安全漏洞。如今，物联网引入了新的可开发的攻击途径，这些攻击点在 Web 之外扩展到云、不同的 OSes、不同的协议以及更多物联网相关配套设施上。于是，我们经常会听到有关新设备由于安全漏洞而受到黑客的攻击的消息。

物联网设备或网络上的数据泄露事件正在变得司空见惯，这很大程度上归因于这样一个事实：许多供应商并没有把安全作为他们的首要任务。当他们的产品出现安全问题时，他们只是认为这是事后需要面对的问题，没有严重损失的情况下，他们并不会主动解决这些问题。

为了研究物联网设备的安全性，赛门铁克（Symantec）研究小组研究了 50 个常用的智能家居设备。该团队发现：没有一个测试设备允许使用高强度密码，也没有使用相互认证。此外，在这些设备上的用户账号没有受到暴力攻击的保护。他们还发现，在控制这些设备的移动应用程序中，大约10个程序没有使用安全套接层（SSL）来加密设备和云之间的信息交换。这些安全隐患都是因为设备的设计缺陷造成的。

6.4.2　开放式调试接口

通过产品设计保障安全性的重要方法之一是确保攻击面尽可能地最小。但是在生产过程中，物联网网关的制造商仅需要实现必要的接口和协议，从而使物联网设备能够执行其预期的功能，并没有对安全问题做过多考虑。制造商应该对设备上所有接口的服务进行限制，因为在大多数情况下，用户并不需要这些开放的调试接口，甚至没有意识到有这些接口，但是这些开放的调试接口却为恶意实体提供了攻击设备或获取重要信息的机会。恶意攻击者可以远程运行一些有害代码（病毒和间谍软件）在设备上非法获取信息。

为了在物联网中实现设备的安全可靠，设计的安全概念应该优先考虑，避免不必要的安全缺陷。例如，对制造商来说，在产品设计中包含一些阻止非法用户运行恶意代码的机制非常重要。

6.4.3　不适当的网络配置和使用用户默认密码

随着物联网设备的不断增加，越来越多的智能产品进入市场。TRUST进行的一项调查显示，35%的美国和41%的英国国内在线消费者除了手机之外，至少还拥有一件智能硬件设备。这项调查进一步揭示了最受欢迎的智能设备，包括智能电视（20%）、车载导航系统（12%）、智能手表（5%）

和家庭报警系统（4%）。

不幸的是，许多消费者似乎没有意识到物联网的安全性。从一些消费者安装、配置和使用智能设备的方式来看，这一点表现得很明显。例如，一些消费者在智能设备上使用默认的密码和设置，这种不小心、不严谨会使他们的网络路由器和智能设备开放给黑客访问。这也是许多智能家庭内部网络配置不良的原因之一。

另一个问题是使用弱密码。在大多数情况下，当用户更改默认密码时，他们会使用简单的密码来进行设置。一般来说，只有对安全性有明确意识的用户才可能使用一个长而复杂的密码。此外，许多设备没有键盘，而且由于所有配置都必须远程完成，因此，一些用户不愿意使用安全设置。

攻击者通常会寻找配置不佳的网络和设备来进行攻击。定期更换密码和适当的网络配置非常有必要。

6.4.4　信息储存前未进行加密

众所周知，许多物联网设备，无论使用者是否同意，都确实收集了一些个人信息。这些信息可能包括姓名、出生日期、地址、邮编、电子邮件地址、健康信息、社会保险账号，有时甚至是信用卡号码。

数据隐私管理公司（TRUST）在美国对 2000 名年龄在 18 ～ 75 岁的互联网用户进行了一项在线调查，发现 59% 的用户意识到智能硬件可以捕捉到他们个人活动的敏感信息。22% 的人认为，物联网创新带来的好处和便利值得牺牲他们的隐私信息。令人惊讶的是，14% 的人对这些公司收集个人信息感到满意。现在的问题是，这些设备真的需要收集这些个人信息才能正常工作吗？大多数公司为获取个人用户数据而给出的一个显而易见的理由是，他们需要这样的数据来改善他们的产品。另一个理由可能是，了解有价值的客户的习惯，这样能更好地为客户服务，创造出满足个人需求的新服务。

不管设备收集数据的目的如何，最重要的是确保这些收集到的数据得到很好地保护，无论是存储在设备内部存储器上还是在传输中。到目前为止，加密是保护数据免受未经授权的访问的最佳方法。

虽然加密是保护数据的最佳方法，但在许多物联网设备上实现加密对安全专家来说是一项挑战。例如，在一些物联网设备中使用 SSL 协议保护通信不是一种好的选择，因为它需要更多的处理能力和内存，这是在物联网硬件这种资源受限设备上非常稀缺的资源。另一个选择是考虑使用虚拟专用网（VPN）隧道，但这需要一个功能齐全的开放移动操作系统（OSes）。

6.5

物联网安全问题的解决方案

6.5.1 高效的轻量级物联网设备认证方案

由于物联网将所有人、事物、数据和流程作为其核心组件，因此，身份验证是最关键的功能之一，能够确保这些实体之间的安全通信。在物联网的上下链条、身份验证只是指识别和验证用户的过程，并将智能设备、计算机和机器等连接起来。

物联网允许授权的用户或设备访问资源，并拒绝恶意实体访问这些资源。它还可以限制授权用户或设备访问受损设备。此外，身份验证降低了入侵者建立与网关的连接机会，由此减少 DoS 攻击的风险。在安全的物联网通信中，在两个或多个实体之间的任何通信涉及访问资源之前，必须对每个参与实体进行验证，以确定其在网络中的真实身份。它意味着每个合法的节点或实体必须有一个有效的身份，以便参与通信。

身份验证过程通常依赖于用户名和密码的使用。例如，在传统的互联网上，网站要求用户名和密码认证用户，而浏览器使用 SSL 协议对网站进行认证。但物联网的一个争论点是，通常部署在通信系统核心的设备和大多数生态系统的终端节点都是由传感器组成的（在某些情况下是 RFID 标签）。这些终端设备用于收集信息，并将收集到的信息传送到各个平台。因此，在这些硬件缺乏身份验证的情况下，黑客们可以轻易连接到这些传感器，也可以访问数据，或者进行广泛的恶意活动。考虑到它们中的大多数都是电量有限的节点，而且计算和内存资源有限，而传统的安全认证方案，大部分都基于需要大量计算和内存空间的公钥加密。因此，对于物联网生态系统的安全有效的轻量级认证方案的需求是十分巨大且紧迫的。

6.5.2　灵活可靠的轻量级数据加密

轻量级加密（LWC）是一个新兴的技术，用于在受限环境中开发用于实现的加密算法或协议，例如 WSNs、RFID 标记、智能医疗设备以及许多其他嵌入式系统。预计 LWC 将在确保物联网和普遍的计算方面发挥重要作用。"轻量级"一词可以从两个角度来考虑，即硬件和软件。然而，在硬件上的轻便性并不一定意味着软件的轻便性，反之亦然。

在过去的几年里，一些轻量级的密码已经被开发出来，用于小型嵌入式安全，包括KLEIN、PRESENT、XTEA、CLEFIA、蜂鸟2等。但事实是，大多数方法只保证了低级别的安全性，所以这种特点限制了它们的部署。由于在安全性和性能之间总是存在权衡，因此LWC的安全性和效率之间的平衡将继续是一个挑战。同样，资源受限设备的功耗和与硬件重量相关的问题以及LWC的软件权重问题急需解决，以便为物联网应用程序开发更加健壮和灵活的LWC。

6.5.3　切实可行的传感器回收计划

物联网的许多资源受限的设备通常部署在开放和严峻的环境中，在这种环境中，设备故障或被破坏并不是罕见的现象。例如WSNs，它是一项关键技术，用于在物联网中收集来自不同环境的各种数据。由于这些高度受限的设备部署在恶劣环境中，设备很容易发生故障或遭受攻击。因此，需要设计一种机制，能够在传感器节点或任何其他节点工作的情况下有效地撤销密钥。在互联网上，两个或多个实体之间的安全通信依赖于数字证书的信任。客户端可以将证书发送给服务器，反之亦然。在密码学中，数字证书仅是一种电子文档，它将一个属性（如公钥）与标识绑定在一起。公共密钥基础设施（PKI）是一个管理数字证书和私有密钥的创建、分发和撤销的系统。数字证书和秘钥有一个有效期。它们也可以在过期之前被撤销。撤销原因可以有很多，如私有密钥的折中或持有密钥的实体状态的更改。如果相应的私钥被破坏，PKI允许用户在证书颁发机构（CA）上撤销公钥或任何与其相关的证书。

　　撤回密钥是非常关键的。当证书被撤销时，必须通过证书撤销列表
（CRL）、在线证书状态协议（OCSP）或其他方式向参与实体提供证书
撤销信息。与传统互联网一样，物联网的信任也是一个基本要求。有必要
让实体相信智能设备及其相关数据和服务是安全的，不受任何形式的操纵。
然而，在物联网中实现关键的撤销比传统的互联网更具挑战性。在实现过
程中出现的复杂性有很多原因，包括网络的大小、设备的多样性以及许多
设备的约束特性。例如，将低成本的设备与有限的资源连接起来，使得基
于公钥加密（PKC）的加密算法在不影响安全性的质量或级别的前提下，
难以实现其功能。此外，许多智能设备完全忽略了 CRL，从而给恶意实体
提供了使用通过数据入侵获取的密钥进行恶意活动的机会。因此，制定有
效和可靠的关键撤销方案，以应对物联网中各种各样的安全问题至关重要。

6.5.4　标准化安全解决方案

　　物联网有很多无线通信技术，如 Wi-Fi、蓝牙、IEEE 802.154、
ZigBee、LTE 等。这种不同物理层的混合使得连接设备之间的互操作性非
常困难。虽然使用不同通信技术的设备仍然可以通过 IP 路由器进行通信，
但是当协议栈中的不兼容问题超出物理和链接层时，就必须使用网关，这
无疑增加了部署成本，不同的无线通信技术的设备使用的安全解决方案也
因此变得更加复杂，标准化的解决方案必须跨多个域使用。

　　关于制定物联网标准的讨论开始于 2013 年，但到 2014 年，几乎没
有成形任何标准。自 2015 年 9 月开始，一些标准应用于产品认证上，
如 Thread Group、AllSeen Alliance/AllJoyn、Open Interconnect Consortium/

IoT ivity、Industrial Internet Consortium、ITU-T SG20、IEEE P2413 和 Apple HomeKit。虽然已经制定了一些标准,但支持物联网的实际标准还没有完全投入使用。其结果是,对于制造商来说,市场是开放的,没有具体的指导规则。这就产生了不同的协议和平台的开发,从而导致产品产生很多漏洞。

对智能设备来说,物联网标准开发的一个主要障碍是缺乏统一的定义。例如,协调智能灯泡的标准和心脏起搏器的标准就是一个难题。再者,考虑到物联网需要许多技术支撑,一个标准不能涵盖所有技术。此外,由于标准化机构的数量过多,它们的职能可能有重叠,甚至在战略上也有冲突。因此,为了实现物联网的标准化安全解决方案,需要各种标准化机构来共同协调它们之间的工作。

第 7 章

物联网实战

工业互联网

随着工业化和信息化的深度融合，企业之间及企业内部的生产控制系统和生产管理系统的互联互通的需求日益增加，通过联网达到提高产品质量和运营效率的需求也更为强烈，在此背景下，工业物联网应运而生。

7.1

什么是工业物联网

过去 20 年里，互联网已经连接了成千上万的人，让他们用全新的方式去交流沟通。现在物联网能让人们除了沟通可以做更多的事情。面对即将进入我们生活的 200 亿台物联网设备，人们的价值创造方式将发生巨大的改变。例如，工厂将会给生产设备安装传感器、摄像头等硬件，设备的软件将会产生许多和生产有关的数据，数据与数据的交互又能为整个生产过程提供重要的信息，从而提高效率、优化运营。物联网正在让工业生产变得更加美好。

通用电气公司将其在生产中借助的网络称为"工业物联网"（IIoT）。不管如何称呼这种垂直方式的物联网，将垂直物联网战略（如互联网的消费者和工业形式）与物联网的更广泛的横向概念区分开是非常有必要的，因为它们具有不同的目标受众、技术要求和战略目标。例如，消费市场的物联网知名度最高，智能家居、智能健身监视器、娱乐集成设备以及个人车载监视器等都是比较出色的应用。同样，商业市场具有高度的市场性，它们的服务包括金融和投资产品，如银行、保险、金融服务和电子商务，这些产品侧重于消费者的历史、业绩和价值。工业物联网主要强调在生产和服务方面的应用，往往涉及更高价值的设备和资产。它建立在工业基础设施之上，用以提升而非代替原有的工业生产设备和设施。可以理解为工业物联网是物联网的子集，其集中在生产力方面的应用。

许多工业行业的巨头预测，工业物联网在未来 10 年内将会实现前所未有的增长，并达到更高的生产力水平。工业物联网的发展潜力不是没有先例，因为在过去的 15 年中，媒体和金融服务的互联网交易见证了迅速增长的传奇时代。B2C 的成功表现在互联网上的网络规模。物联网在未来 10 年能够为工业带来同样的增长和成功，在此背景下涵盖制造业、农业、能源、航空、运输和物流等不同产业行业。因为工业产生占全球 GDP 的 2/3，所以这种升级带来的回报无疑将会是巨大的（见图 7-1）。

图 7-1　工业物联网的潜力巨大

工业物联网提供了一种通过集成机器传感器、中间件、软件和后端云计算和存储系统来更好地了解和洞察公司运营和资产的方法。因此，它提供了一种转换业务运营流程的方法，将反馈通过高级分析查询大数据集所获得的结果。企业收益通过提高运营效率和加速生产力实现，从而减少意外停机时间并优化效率，实现更高的利润。

尽管当今工业环境中现有的机器对机器技术中使用的方法可能看起来与工业物联网类似，但是操作规模却大不相同。例如，对于工业物联网系统中的大数据，可以使用云托管的高级分析以线速在线分析大量数据流。此外，可以将大量数据存储在分布式云存储系统中，以便将来执行批量格式的分析。这些大规模的批量作业分析可以收集信息和统计数据。工程师可以使用分析结果来优化操作并向高管提供可以转化为知识的信息，从而提高生产力和效率，并降低运营成本。

工业物联网是几种关键技术的结合，这种结合产生一个大于其各部分功能产出总和的系统。例如，传感器技术的应用不仅使生产过程中产生更多的数据，而且也产生不同类型的数据。传感器可以具有自我意识，甚至可以预测其剩余使用寿命。因此，传感器产生的数据不仅精确，而且具有预测性。同样，机器传感器通过它们的控制者可以自我感知环境、自我预测和自我比较。例如，可以将其当前的配置和环境设置与预先配置的最佳数据和阈值进行比较，这为自我诊断提供了依据。近年来，传感器技术在成本和尺寸方面大幅降低，这使传感器监控机器、生产过程甚至生产人员在财务和技术上变得可行。

正如我们所看到的，大数据和高级分析是工业物联网的另一个关键驱动因素，因为它们可以提供历史性、预测性和规范性分析，还可以深入了解机器或生产流程内实际发生的情况。结合这些新的自我感知和自我预测组件分析，可以为机器和资产提供精确的预测性维护计划，从而使设备的持续生产时间更长，并降低无效维护的成本。过去 10 年，云计算的出现，加速了工业物联网的发展，因此有很多像 AWS（亚马逊云服务）这样的服务提供商提供了巨大的计算、存储和网络功能，支持以低成本实现有效的大数据工业应用。

7.2

工业物联网能给工业界带来什么

传统的物联网技术很早就出现了，但那时并没有取得工业界的认可，因此并未大规模使用。

假设工业系统的复杂性超过了现有经营者识别和解决效率的能力，从而难以通过传统手段实现改进，这可能会导致机器运行的能力远低于其自身能力，仅这些因素就会产生应用新解决方案的运营激励。此外，由于计算、带宽、存储和传感器成本的下降，IT 系统现在可以支持广泛的仪器、监控和分析，这意味着可以更大规模地监控工业机器。云计算解决了远程数据存储的问题（存储大数据集所需的成本和容量）。此外，云提供商正在部署和提供可处理海量信息的分析工具。这些技术正在逐渐成熟并且应用更加广泛。

同样，网络和不断发展的低功率无线广域网（LPWAN）解决方案的成熟和发展使远程监控和控制资产得以实现，而这些资产以前是不够经济或不够可靠的。现在，这些无线广域网络已经能在工业环境中良好且低成本地应用起来。这些变化结合在一起，为工业企业、机器、传感器和网络应用创造了令人兴奋的新机遇。计算、存储和网络成本的下降是云计算模式的结果，它允许公司收集和分析比以往更多的数据量。这就使得工业互联网成为独有的 M2M 范例的最具潜力的"抢占目标"。

7.3

工业级别物联网的案例

工业物联网的应用潜力巨大，在物流、航空、运输、医疗保健、能源生产、石油和天然气生产以及制造业等生产力领域都有良好的表现。因此，许多使用案例将使行业高管们意识到工业物联网的好处并考虑应用工业物联网的可能性。毕竟，只需要小的生产力转移就可提高收益，即使生产率提高了 1%，也可以产生巨大的收益。例如，航空燃油节省就可以让企业有更多运营的空间。为了实现这些潜在的利润，工业界必须采纳和适应工业物联网。

但是，发现和识别并策略性地瞄准工业物联网的机会并不像说起来那么容易。因此，创建适合垂直业务的用例非常重要。例如，制造业的要求与物流不同。同样，提供特定行业应用程序的创新、专业知识和财务预算也会有许多不同的限制。例如，医疗保健将消耗大量的支出，而且很少有或根本没有财务回报。相比之下，石油和天然气行业也将需要巨大的运营成本，但也可能会带来巨大的利润。同样，物流非常依赖供应链，如产品跟踪和运输，所以将具有不同的运营需求。但是，传感器技术、无线通信、网络、云计算和大数据分析方面的进步，工业物联网可以个性化地为所有垂直行业提供潜在解决方案。无论企业规模如何，企业都可以利用这些技术来获得工业物联网的回报。

7.3.1 工业物联网在医疗保健行业中的应用

传统的医疗关系建立在受伤病人去医院咨询或私人医生进行家访。然而，这是耗时且昂贵的。而且对地处偏远没有良好医疗资源的病人来说，他们能够治好病的可能性就更小了。因此，在这个行业中，急需一种新的方式来改变这种医患关系。

英国的国家卫生服务基金会正在试用智能手机作为健康监测器来检查患者的情况。患者工具包中包括智能手机、体重秤、血氧传感器和血压袖带等。这些工具每天会读取患者的体重、心率、血压和氧气水平，然后通过蓝牙将数据上传到智能手机，以发送到英国电信的远程医疗服务中心。负责该项目的服务机构可以在后台分析数据。如果数据中有任何异常，护士会与患者联系并及时解决健康风险。通过使用这些家庭护理套件，病人可以在家中管理和掌握自己的病情。

另一个例子是当今医疗实验中最先进的工业物联网项目，这是苏格兰卫生部门负责人为远程门诊患者提供自动化、监督和沟通的手段。2013 年，一款名叫 Giraff 的机器人成为试点。这款机器人配备了高清摄像头来监控患者情况并提供远程数据传输，同时还提供了一种远距离交流的方法。它还能让亲属和护理人员对患者保持无时无刻的关心，确保患者按时服药和吃饭。亲属或护理人员也可以操纵该机器人并驱动房屋周围的机器人检查患者是否存在健康问题。

7.3.2　工业物联网在石油和天然气行业中的应用

石油和天然气行业为了提高效率并且发现新的能源储藏地，对于高科技以及其他智能方式都十分欢迎。新发现的油气田的开发和勘探都需要用到大量的现代传感器、分析系统和控制系统来加强对生产过程的连通、监控、控制和自动化运行。

此外，石油和天然气行业可以通过物联网获得与钻井工具状态相关的大量数据，以及整个现场安装中的机械状况。以前，技术主要针对石油和天然气生产，但地质学家处理钻井平台产生的大量数据的能力有限，而且数据存储成本昂贵且不可行。实际上，尽管收集的数据量非常大，高达90%的生产数据将被丢弃，原因就是无法存储数据，更不用说有充足计算能力能够及时分析数据。

然而，工业物联网已经改变了浪费数据的做法，现在钻井平台和研究站可以利用传感器将从钻井和生产中获取的大量原始数据发送回云中进行存储和后续分析。因此，主要的石油和天然气勘探和生产商正在更新他们的基础设施，以驱动工业互联网创造新技术。诸如高带宽通信、无线传感器技术、具有先进分析工具的云数据存储以及先进的智能网络等，使系统能够提高现场研究的可预测性，降低勘探成本并最终降低现场操作费用。

除了其他技术要求外，油井监测和油品储藏管理的新行业规定还促使油田作业者寻找解决现有作业约束的有效方法。例如，在 20 世纪 90 年代，由于缺乏处理和通信能力，现场操作员几乎将所有在钻井过程中收集到的数据丢弃。

由于大部分数据只与时间有关（例如钻头的温度、转数），因此这些数据只在那些特定的时间才有用。然而，随着技术的进步，特别是在井下传感器和随后大量涌入的联网井下钻井工具的数据中，需要对实时数据流以及历史和预测分析进行高级分析，这就增加了对更高级数据处理方法的需求。

幸运的是，正如石油和天然气行业内对这种大量数据分析的需求增长一样，云技术的快速发展提供了必要的计算、数据存储和工业可扩展性来提供实时数据分析。此外，云技术能够批量处理大数据挖掘，用于历史理解和预测。

云计算现在提供了用于收集、存储和分析大量数据的经济可行的技术。然而，工业互联网的出现为计算、存储和数据分析提供的不仅仅是经济和可扩展的云服务，它深刻地改变了产业。例如，行业现在有能力通过互联将智能对象（机器、设备、传感器、执行器甚至人）连接到协作网络，也就是物联网。同时，这些智能产品的设计人员已经建立了自我诊断和自我配置，大大提高了可靠性和可用性。此外，设备连接性中曾经成为真正问题的电缆和电源要求，已通过无线通信得到缓解。新的无线技术和协议，以及低功耗技术和组件小型化使得传感器可以位于任何位置，而不管其大小，不可访问性或布线限制。

连接性是工业互联网的核心。毕竟，它需要通过互联网进行通信，并与云进行交互。因此，通信协议非常重要，并且由此产生了新的协议，如

6LoWLAN 和 CoAP。

但是，对于所有系统，只有两种方式来检测远程节点的状态：传感器将数据发送回控制器；向中间节点发信息以获取终端节点状态。这两种方法效率都不高，但有另外一种更好的方法，即发布/订阅软件模式。这是一种较好的技术，因为如果用户对某些数据感兴趣，它可以通过公共软件总线立即通知用户。但是，并非所有的发布/订阅模式都以相同的方式工作。MQPP 和 XMPP 非常受欢迎，因为它们得到很好的支持，但是它们不支持实时操作，所以不适合工业场景。而数据分发系统确实支持实时操作，并且能够以物理速度向数千个接收者传送数据，同时严格控制时序、可靠性和操作系统转换。

正是这些新的物联网协议和技术为油气勘探和油田生产提高效率提供了新的思路。

1. 自动启用钻机的远程操作

利用工业物联网，不仅可以实现钻机的远程操作，还可以通过先进的传感器技术实现自我诊断和自我配置，从而显著减少停机时间和设备故障。除自动化外，DDS（数据分发服务）设计还有助于远程收集和分析运行数据，包括设备运行状况、过程活动，以及设备日志数据的实时流式传输。产生的数据由无线或光纤电缆提供的高速连接传输到远程控制站，并最终与企业系统连接。通过 DDS 总线，现场采集的数据可以被存储，用于未来的历史总结和预测分析。这将允许陆上分析师和工艺规划人员通过向井系统发送修正反馈来调整和控制井操作。

2. 实现海量数据收集和后续分析

在云计算领域取得进步和公众获取大量资源之前，储存大量数据的费用是非常高昂的。而工业物联网技术不仅能够同时兼容存储这些庞大的数据集，而且可以计算并分析这些庞大的数据集。典型应用是智能井监测，传感器监测得到的数据实时反馈给远程控制中心，供中心进行历史和预测分析。

3. 部署智能系统实时油品储藏管理

数据库越大，算法的结构就越可靠，因为它可以减少不规则数据模式产生的风险。在处理实时分析和反馈的流数据时，系统的连通性更为重要。设计人员可以通过提供单个逻辑数据总线来解耦计算机、机器、系统和站点之间物理连接的复杂性。

工业物联网在部署智能系统实时油品储藏管理中的应用，减轻了工业平台的生产和部署压力，因为它将软件从操作系统中分离出来，从而使应用程序开发更加灵活、快捷、便宜。

工业物联网的真正潜力是通过自动化、智能机器和高级分析创造新的智能工作方式。在石油和天然气行业，工业物联网已被采用，以降低成本、提高效率、提高安全性，并最终转化为利润。

7.3.3 工业物联网在智能楼宇中的应用

建筑物是城市中的关键系统，建筑能耗大约占全球能源消耗总量的40%，建筑物排放也是造成 36% 温室气体排放的原因。但是，控制或减少这些排放并不容易。目前，主要采取改善建筑物的隔热、能源效率、提供更好的建筑控制系统 3 种方法。

改善保温措施是建筑中一项主要的节约成本措施，因为它不仅可以降低居民的加热或降温成本，而且可以减少二氧化碳的排放量。此种措施易于在新建筑物中实施，但在现有建筑中却难以部署且成本较高。改善建筑物能源效率的策略正在逐步普及，但仍处于开发阶段。通过自动化控制系统改善楼宇管理可以降低建筑能耗和减少二氧化碳排放，但在现有建筑物，尤其是老式建筑物中安装隔热材料，部署建筑物控制管理系统是一项艰难的任务。

以前，安装传感器和执行器（如散热器或 AC 单元）需要进行大量的改装工作。然而，随着科学技术和物联网的发展，传感器和执行器变得更加"聪明"，并且可以使用无线通信，这就大大减少了故障导致的设备运行中断和大部分待机成本。

基于物联网的传感器、设备和协议的整合与开发，实现了智慧楼宇的落地运行，为行业应用提供了推动力。物联网技术允许智能物体与现实世界之间的交互，提供了从模拟世界收集数据并在数字世界中生成信息的方法。例如，智能手机具有内置传感和通信功能，如用于加速的传感器，以及支持 Wi-Fi、SMS 和蜂窝技术的通信协议；还具有近场通信（NFC）和无线射频识别等功能。因此，智能手机提供了捕获数据和传递信息的手段。而且智能手机的无处不在和用户接受度使其成为理想的人机界面（HMI），将其用于智能建筑，用户可以按照需要控制自己的环境条件。

工业物联网在智能楼宇中的应用也遇到了一些问题，如管理大量部署在整个建筑物中的物联网设备实时提供的大量数据是非常困难的。此外，对于建筑物（如加热、冷却和空调机）适用的协议可能无法在现有的已安装设备上使用。这需要先设立广泛采用的协议标准，而这会是一个漫长的过程。为了实现统一协议标准的目标，2014 年，IoT6（欧盟工作组）为智能办公室建立了测试平台，以研究支持概念性工业物联网设计的 IPv6 及相关标准的潜力。其目的是研究和测试 IPv6，看它是否可以缓解当前影响物联网实施项目的互连性和碎片化问题。

IoT6 智能楼宇的最初目的是证明 IPv6 作为通用协议的潜力，该协议可以提供人与信息服务（包括互联网和基于云的服务，建筑物和建筑系统的服务）之间所需的必要集成。IoT6 团队希望证明，通过更好地控制传统的楼宇自动化技术，可以将能源消耗降低至少 25%。

IoT6 测试平台的另一个目的是提供一个平台，用于测试和验证各种传感器和协议，以及工业物联网概念架构之间的互操作性。测试平台通过所有可能的不同协议耦合（在所选的标准中），与可靠设备进行多协议互操作性互连和测试。

7.3.4　工业物联网在物流中的应用

物流行业一直是物联网的前沿应用，因为物联网的很多技术都与物流行业相匹配。例如，多年来，物流公司一直在包装、托盘和集装箱中使用条码技术，作为监控仓库入库货物和派送货物的一种方式。然而，使用手动条码扫描仪仍然是劳动密集型的工作，尽管人工执行能够最大限度地保持准确，仍然可能有托盘被忽视或产品未被检测等情况发生。为了规范库存控制流程，物流公司寻求使用物联网技术和无线技术的自动化解决方案。解决方案是使用嵌入式 RFID 标签和相关的 RFID 阅读器，这些阅读器可以同时扫描在入站门口排队的整行或堆栈的货盘。这是条码读取器每次必须执行的一项操作，因为系统会读取每个托盘上无线射频范围内的每个 RFID 标签（无论是否可见），因此速度和准确性都有所提高。RFID 阅读器自动记录 RFID 标签的信息，如订单 ID、制造商、产品型号、类型和数量，以及在 ERP 中自动记录交货之前的项目状况。

一旦记录了收货并将物品移动到正确的库存位置，就可以更新标签以显示相关的库存详细信息，如零件号和位置。另外，还可以使用温度和湿度传感器传送其他信息，并发送有关环境储存条件的信息。

使用 RFID 标签的另一个优势是它们可以快速、准确地记录存货。库存是通过与 RFID 读取器连接的 ERP 应用程序进行管理的，因此库存的变化会自动更新，并会立即提醒。同样，对于发货进行控制，当发出订单时，RFID 标签阅读器可以在所有货盘标签通过出库大门时进行读取，并同时自动调整每个货品的库存，同时还将每个订单的 ERP 交货票据更新。

仓库控制任务的自动化（如交货和调度），提高了运营效率和库存控制的准确性，这是通过采用传感器技术提高运营效率获得的竞争优势，例如更快、更准确和更经济高效的仓库管理。物流公司一直热衷于探索新的工业物联网计划。对物流公司来说，吸引力最大的领域是优化资产利用率，由此集中式系统可以监控机械和车辆的状况、状态和利用率。例如，当其他叉车和司机连续工作时，另一部分叉车可能会闲置在仓库的某个区域。这就使得整个公司的资产没有得到最大化地利用。再比如，在大型仓库中，叉车运行过程中的低生产率可能会产生司机找不到库存位置等问题。通过使用位置传感器、条码、RFID 标签和 ERP 库存数据的组合，可以指导司机了解库存物品的位置，并提供如何从司机当前位置到达目的地址的指示。

仅在美国，叉车每年会引发超过几万起事故，其中近 80% 涉及行人。因此，物流业渴望利用物联网来防止叉车事故的发生。例如，通过使用传感器、摄像头和雷达，工业物联网可以提醒叉车司机叉车附近存在行人或另一辆叉车。理想情况下，叉车将与其他叉车进行通信，确保知道彼此存在并避免相撞，如检测到附近有另一辆叉车时，可减速或停在路口。叉车、自动驾驶车辆和机器人非常适合大型托盘的重物搬运。

这种理想情况可以借助增强现实设备来实现。最常见的增强现实设备是谷歌眼镜（Google Project Glass），如图 7-2 所示。它进入物流领域对人类来说非常有益。谷歌眼镜可以在用户右眼上方的屏幕上显示信息列表，例如项目的位置，并指示如何到达那里。此外，它还可以捕获物品的图像，以验证物品是否是正确的库存物品。如果物品难以区分，则免提自动条码扫描可确保识别正确的物品。该技术对提高工作人员的工作效率非常有帮助，因为工作人员可以更快速地找到物品，同时消除拾取错误。

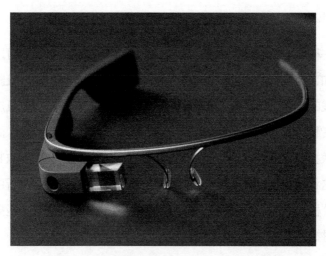

图 7-2　谷歌眼镜是增强现实的一个典型应用

潜在的工业物联网物流用例已经超越了仓库范围，并且在货运中具有广泛的应用。目前，物流公司应用跟踪技术，可以监控飞机中间的托盘或船上集装箱的位置。尽管已具备这样的能力，但业界还期待新一代的追踪技术在速度、准确性和安全性方面有更大的进步。例如，解决货物的盗窃问题，可以部署更强大的物联网解决方案，在派送到送达的过程中对货物进行跟踪。货车上的先进遥测传感器和货物上的 RFID 标签可以实现准确的预测位置和状态监测。货物中的多个传感器将监测诸如温度、湿度、震动等情况。如果 RFID 标签已被打开，这可能表明有潜在的盗窃行为。货车本身可以使用先进的遥测传感器来预测车辆何时以及如何维护，并自动提醒驾驶员和维修人员。这种监控方式对司机来说，也是非常有好处的。例如，司机长时间驾驶、疲劳驾驶可引发安全问题。目前，借助物联网已经有了检测驾驶员疲劳的技术。例如，卡特彼勒公司使用红外摄像头监视驾驶员的眼睛，通过图像处理和眼球运动跟踪算法来检测驾驶员的眨眼率和瞳孔大小，如果检测到驾驶员困倦，它会触发音频警报和座椅振动来唤醒驾驶员。

另一种可能的用例是供应链管理，大数据的预测分析技术可以发挥作用。例如，物流公司需要了解全球范围内的最新事件、气候以及影响传统贸易航线的当地天气状况，因为这些情况可能引起库存的连锁反应。应用货车和货物上的传感器，现在可以在全球范围内收集这些数据。同样，如果所有数据的预测分析均显示有恶劣天气的高风险，可实时更改紧急货物航线，这将避免延迟交付造成的损失。通过大数据进行预测分析已成为商业智能分析的必备工具，相信超过 80% 的企业会采用它为物流业务提供有效的改进措施。

7.3.5 工业物联网在零售业中的应用

与大多数企业一样，零售商也有 IT 成本和间接费用，这直接影响企业的利润。因此，减少管理或至少从这些 IT 成本中获取价值是零售商的利益所在。零售商产生的 IT 成本通常包括运行业务所需的 IT 系统和支持这些系统的后续成本。为了降低 IT 成本，零售商必须找到一种更便宜、更高效的技术来满足应用需求。零售业 IT 成本高是由复制硬件和软件许可证、IT 支持（如现场维护）和中断修复等产生的。任何减少这些可变高开销并将其转化为较低固定成本的解决方案都是很好的选择。例如，零售商需要一种收款方式，临时保证现金和信用收据，记录销售交易、退款、部分付款、运行现金余额，并且制作一份结束日销售报告。这看起来工作量并不大，但对于拥有 1000 家门店的零售商来说，在一天工作结束时调整总销售额，对个人和集体都是一项繁重的任务。传统的方法是，零售商依据门店收款机中的数据完成日常销售对账。基于 PC 技术和专业外设（如现金箱和条码扫描仪），现金出纳机演变为销售点（POS）机器。因此，在技术层面上，只需在每家门店中收集 POS 软件中的数据，就可以通过智能系统和大部分 IT 设备将负担从个人商店转移到云中枢来优化这一工作过程。

通过将 IT 能力从门店转移到联网环境、总部和云端，可以大大降低资本（资本支出）和运营（运营）成本。因为使用了联网设备，降低了门店的设备成本，POS 设备只需通过 Web 浏览器运行，因为 POS 应用程序在云中运行。因此，销售助理可以使用移动设备，如平板电脑或智能手机，将其从固定销售点解放出来，减轻员工的负担。

以前，在传统的 POS 解决方案中，每家门店必须完成自己的日终报告，并将其发送给零售总部，总部再将所有报告整理成一份统一报告。这可能会持续到第二天，甚至更晚，经理才能清楚地了解整体销售业绩。但是，通过使用云 POS 应用程序，个人和集体报告随时随地都可生成，而且是准确无误的。立即查看个人和整体销售业绩可优化业务的其他领域，如库存控制（库存）。通过将所有单独的门店数据存储在中央数据库中，该数据库将每个门店的销售额和库存分开，云应用程序可以从个人和集体的角度自动处理销售和库存管理，并且可以实时进行，而不是延迟到第二天。

中央管理是云 POS 的一个非常重要的功能，它允许管理人员通过简单操作就能将销售政策应用于每个商店和 POS 设备，还可以实现库存管理的自动化。

实时报告和可见性也是缩短销售决策过程的关键。及时访问结果报告和实时状态报告可以实现更好的运营控制和管理。例如，对促销活动在各门店的业绩进行跟踪，根据销售情况进行库存调整，而不是依据昨天的旧数据做明天的调整决策。

正如我们所看到的，零售商可以通过对 IT 采取云 POS 策略来降低成本，并通过管理和杠杆作用为企业增加价值。通过减少硬件、软件和支持设备，直接节省 IT 成本。云 POS 解决方案以一个固定的月费取代这些成本。仅此一项就可以降低商品成本并增加利润。云 POS 将启用零售业中过去不可行的高级选项，并提供更有意义的客户服务的机会。

第 8 章

物联网应用典型案例

8.1

物联网与智慧经济

与互联网一样，物联网的出现一定会改变或部分改变现有的生产关系、雇佣关系，催生不同的新经济形势，我们只有提前适应这种改变，才能不被物联网的浪潮淘汰。

8.1.1 物联网与智慧产业的关系

智慧产业是以大数据、云计算等现代信息技术为基础，并将现代信息技术广泛应用于研发、生产、管理和服务等环节而出现的产业。其智慧特征可以体现在产业链的某些环节上，也可以体现在产品的技术上。从涉及的服务和产品的角度看，智慧产业包括电信业、计算机服务业、软件业、科学研究和专业技术服务业、科技交流和推广服务业、互联网信息服务、咨询和调查服务、知识产权服务、会议及展览服务业、通信设备、计算机及其他电子设备制造业等；从应用的领域来看，智慧产业包括智能制造、智慧农业、智慧城市、智能可穿戴设备等。

物联网是一个复杂的产业生态系统，它的发展也是以大数据、云计算、人工智能、第五代移动通信、IPv6 以及区块链等新技术为基础，广泛涉及计算机、互联网、通信、制造业等行业。物联网和智慧产业相互交叉，都具有智能、智慧的特征，涵盖社会生活的各个方面。智能产业的实质就是物联网。所以，也有人说，智能产业实际上就是"智能产业物联网"。

8.1.2　制造智能之 3D 打印

1．3D 打印概述

3D 打印是一种快速成型的技术，因其制造产品的过程是将材料逐层添加黏合成型而得名（见图 8-1）。3D 打印技术诞生于 1984 年，是一门融合了机械制造学、计算机科学、材料学、精密机械学等多学科的综合交叉性制造技术，对传统的工艺流程、生产线、工厂模式、产业链组合产生了深刻影响，是制造业中具有代表性的颠覆性技术。

图 8-1　3D 打印

20 世纪 80 年代中期，美国科学家查尔斯·霍尔（Charles Hall）发明了第一台商业 3D 打印机。2011 年以来，英国的《经济学人》杂志中陆续刊登了数十篇关于 3D 打印的文章，将 3D 打印推上了科技的前沿。2012 年 3 月，美国推出《国家制造创新网络计划》，旨在筛选出具有广阔应用前景的先进制造技术，全面提升美国制造业的竞争力。3D 打印是首个被筛选出来的制造技术。随后，各工业强国纷纷将 3D 打印作为未来产业发展新的增长点并加以培育，制定了发展 3D 打印的国家战略和具体推动措施，力争抢占未来科技和产业的制高点，3D 打印热潮迅速席卷全球。我国先后推出《国家增材制造产业发展推进计划（2015—2016 年）》《增材制造产业发展行动计划（2017—2020 年）》，促进了 3D 打印产业在我国的发展。在《中国制造 2025》中，3D 打印成为加快实现智能制造的重要技术手段之一。

3D 打印的产业链包括软件、材料、装备、制造和应用 5 个环节，可以应用于航空航天、船舶、核工业、汽车、电力装备、轨道交通装备、模具、铸造、建筑、家电、个人消费（家具、电子产品、服装、食物等）、医疗（牙科、假肢 / 矫正器、体内植入物、手术设备 / 辅助装置等）、文化（运动器材、防护装备、玩具 / 艺术品、珠宝等）、教育等领域。目前，3D 打印技术已经在航空航天、汽车、生物医疗、文化创意等领域得到了初步应用。

2. 颠覆传统制造的 3D 打印技术

3D 打印技术又称增材制造技术，是相对于传统的"减材制造技术"而言的。传统的制造技术（建材制造）是先设计并制造出一个产品模型，然后把制造材料依据模型进行精雕细琢，这种建材制造模式让"大规模定制"成为可能，创造了工业时代的辉煌。但是，传统的减材制造模式无法制造形状高度复杂的产品，也无法满足消费者个性化的需求，而且造成部分的资源浪费。3D 打印技术是对传统制造技术革命性的升级，因为它是使用粉末或液体形态的原材料，在计算机的控制之下，只需要打印出有用的部分，不浪费原材料，彻底变革了制造业的生产技术。

相比于传统的制造技术，3D 打印技术具有定制化、智能化和环保化的特点。作为一种"设计无限制"的数字化制造技术，3D 打印技术可以制造出形状高度复杂的产品。借助互联网，3D 打印技术可以使任何人都能通过数字设计来实现产品制造，从而实现定制化生产。3D 打印与人工智能、机器人等相结合，以计算机软件设计的数字文件为制造模具，以新型粉末或液态材料为制造原材料，以 3D 打印设备为制造工具，通过计算机发出的指令，精确打印出所需产品，从而实现智能制造。智能生产的侧重点在于人机互动，3D 打印技术应用于整个生产过程，并对整个生产流程进行监控、数据采集、数据分析，从而形成高度灵活、个性化、网络化的产业链。在环境保护方面，3D 打印技术可以在设计、制造、运输、使用、废品处理等各个环节做到对资源利用率最大化，对环境负面影响最小化。

目前，3D 打印技术的应用模式主要有两种：一种是 3D 打印技术与传统制造业相结合；另一种是 3D 打印云平台。

传统的制造企业将 3D 打印这种先进的制造技术融入现有的制造工艺体系中，实现对传统制造技术的改进和升级。例如，美国通用公司已经使用 3D 打印技术生产新一代 LEAP 喷气发动机的燃料喷嘴。2015 年，通用公司首款 3D 打印的商业喷气发动机零部件——高压压气机温度传感器外壳通过美国联邦航空管理局认证，这一零件将用于 400 架波音 777 喷气发动机的改造。2016 年，北京市华商腾达工贸有限公司，成功研制出了 3D

打印建筑的设备，并用这台全程由计算机程序操控的设备历时 45 天打印出了一套 400 平方米的别墅。这套别墅墙体厚度为 250 厘米，两层，每层层高为 3 米，基础和墙体使用钢筋 20 吨，标号为 C30 的混凝土 380 立方米。

3D 打印云平台是一种 3D 打印产品的电商平台。3D 打印云平台一端连接客户。通过 3D 打印云平台，客户通过线上下单、线下制造的方式实现产品的按需定制。另一端连接着世界各地的 3D 打印从业人员，如 3D 打印设计师可以将自己的创意设计上传到 3D 打印云平台，客户下单后打印生产。目前，世界上最大的 3D 打印云平台是 Shapeways。该平台拥有超过 2 万家的 3D 打印店铺，云集了来自 130 多个国家、数量超过 50 万的会员，月均订单超 20 万件。Shapeways 的主要收入来源是对每一个在线售出的 3D 打印制品，根据材料、大小以及 3D 打印对象的复杂程度收取不等的佣金。

虽然 3D 打印技术已经在一些领域中得到应用，但离大规模应用还有很长的路要走，因为其还需要突破专用材料、制造装备、核心器件以及专用软件的质量、性能和稳定性等局限。

8.1.3 工业物联网应用案例：海尔 COSMOPlat——传统制造企业的智能制造探索之路

海尔的智能制造探索之路是从 2011 年海尔开始谋划建设数字化工厂开始的。2014 年，海尔第一座互联工厂开始投产。2016 年，海尔成立行业内第一家工业智能研究院，针对互联工厂模式进行集成、分析，并由此诞生了海尔 COSMOPlat——由海尔自主研发与创新的工业互联网云平台（"COSMO"在希腊语中是"宇宙"的意思）。COSMOPlat 通过对各种信息进行整理分类再处理，实现资源的最优化匹配。COSMOPlat 包含用户口碑交互系统、众创汇平台、HOPE 创新平台、海达源平台、智能制造平台、日日顺物流平台、人人服务生态圈平台。2016 年 3 月，COSMOPlat 在中国家电博览会上首次亮相，得到了政府和行业专家的高度认可。2017 年 2 月 20 日至 21 日，在工业互联网产业联盟峰会上，COSMOPlat 作为海尔自主研发的工业互联网平台首次发布并正式对外提供社会化服务。

2018 年 2 月，海尔 COSMOPlat 获批"基于工业互联网的智能制造集成应用示范平台"，为首家国家级工业互联网示范平台。选择海尔 COSMOPlat 作为首家国家级工业互联网示范平台，是因为 COSMOPlat 在模式、实践、全球化复制 3 个方面表现突出。

目前，全球工业互联网平台最有影响力的 3 家企业分别是德国的西门子股份公司、美国的通用汽车公司以及中国的海尔集团。区别于德国西门子的 Mindsphere、美国通用的 Predix 等工业互联网平台，COSMOPlat 是全球首家引入用户全流程参与体验的工业互联网平台。在模式方面，COSMOPlat 与海尔"人单合一"模式一脉相承，具备全周期、全流程、全生态三大差异化特点，实现了高精度下的高效率。其中，全周期指产品由电器变成了网器，从提供工业产品到提供美好生活的服务方案，实现了从产品周期到用户全生命周期，解决了企业的边际效应递减的问题；全流程是指将低效的串联流程转变为以用户为中心的并联流程，COSMOPlat 平台解决了大规模制造和个性化定制的矛盾，实现了大规模制造到大规模定制的转型；全生态是指它不是一个封闭的体系，而是一个开放的平台，平台上的每个企业、资源方和用户都可以在平台上共创、共赢、共享，并推进整个平台非线性矩阵式发展。在实践方面，海尔 COSMOPlat 以智慧家庭为载体，在推动互联网、大数据、人工智能和实体经济深度融合上率先进行探索。

2017 年底，总部位于美国纽约的电气与电子工程师协会（IEEE）新标准委员（Nescom）大会通过了一项由海尔主导的大规模定制通用要求标准的建议书，首次提出由海尔主导起草制定大规模定制国际标准。这是 IEEE 创办半个多世纪以来唯一的以模式为技术框架制定的国际标准，由中国企业牵头制定在全球也是首例。2018 年 1 月，世界最大的物联网标准组织——全球物联网标准组织（OCF）为海尔颁发了物联网互联互通证书，这也标志着海尔智慧家庭的物联网互联互通技术获得了国际通行证。

8.2

智慧小镇

8.2.1　农业也需要智慧

民以食为天，作为第一产业的农业对于任何国家的重要性都不言而喻。一般认为，农业是在采集经济基础上产生的，至今已经有超过 1 万年的历史。农业主要解决人们的温饱问题，但时至今日地球上仍有超过 8 亿人没有解决温饱问题，粮食危机每年都在爆发。粮食危机的主要原因是人口爆炸、极端气候以及耕地的减少。世界上 80% 的饥饿人口生活在灾害频发和环境退化的地区。

水资源短缺也是一直困扰人类发展的重要问题。地球上淡水分布极为不平衡，巴西、俄罗斯、加拿大、中国、美国、印度尼西亚、印度、哥伦比亚和刚果 9 个国家的淡水资源占世界淡水资源的 60%。占世界人口总数40% 的 80 个国家和地区约 15 亿人口淡水不足，其中 26 个国家约 3 亿人极度缺水。水资源短缺也是粮食危机的原因之一。反过来，高耗水的农业灌溉方式也是造成水资源短缺的原因之一，因为农业消耗了全球淡水资源的 70%。

为应对极端天气的影响，在农业活动中应科学用水、高效节水，降低成本投入，提升效益。目前，基于物联网的解决方案在农业领域已经得到广泛应用。用科技提高农业产量、解决温饱问题，发展智慧农业是世界各国共同的选择。例如，我国在《中华人民共和国国民经济和社会发展第十三个五年规划纲要》中明确提出推进农业信息化建设，加强农业与信息技术融合，发展智慧农业。2016 年 9 月，我国在农业部印发的《"十三五"全国农业农村信息化发展规划》中提出，围绕推进农业供给侧结构性改革，构建现代农业产业体系、生产体系、经营体系，把信息化作为农业现代化的制高点，以建设智慧农业为目标，着力加强农业信息基础设施建设，着力提升农业信息技术创新应用能力，着力完善农业信息服务体系，加快推进农业生产智能化、经营网络化、管理数据化、服务在线化。

8.2.2　农业何以智慧

智慧农业是一种由物联网技术与生物技术支持的定时、定量实施耕作与管理的生产经营模式，它是物联网技术与精细农业技术紧密结合的产物，是未来农业发展的方向。智慧农业采用了基于物联网的先进技术和解决方案，通过实时收集并分析现场数据及部署指挥机制的方式，达到提升运营效率、扩大收益、降低损耗的目的。

物联网在智慧农业中的应用主要表现在农业信息感知、农业信息互联、智慧农业控制 3 个方面。其中，农业信息感知包括动物识别与感知、作物生产环境感知、设施农业环境感知；智慧农业控制包括智能病虫害诊断、水肥精准控制、智能温室控制、农产品质量追溯等。

无线传感技术和 RFID 标签技术是智慧农业的重要技术。无线传感器网络是物联网环境感知的重要技术之一，无线传感器网络为农业领域的信息采集提供了新的技术手段，弥补了传统监测手段的不足。现代传感器技术可以准确、实时地监测空气、温度、湿度、风向、风速、光照强度、二氧化碳浓度等地面信息，土壤温度和湿度、墒情等土壤信息，pH、离子浓度等土壤营养信息，动物疾病、植物病虫害等疫情信息，植物生理生态数据、动物健康监控等动植物生长信息。通过 RFID 标签和采集动物个体信息的传感器技术，建立畜禽个体的状况、生长、生理等生产档案数据库，记录牛、猪等动物个体的每天饮水量、进食量、运动量、发情期等重要数据，结合动物个体或小群体的繁育、营养及健康管理的业务逻辑知识，优化畜禽个体或小群体的配种，最大限度发挥畜禽的遗传潜力和生产力水平，包括提供健康的畜产品等。

基于物联网技术的智慧农业应用主要包括精准农业、智能灌溉、农业监测、农业管理系统、农产品质量安全溯源等。

精准农业利用物联网技术及信息和通信技术，实现优化产量、保存资源的农业管理方式。物联网可以在农业产前、产中和产后的各个环节发展基于信息和知识的精细化的过程管理。在产前，利用物联网对耕地、气候、水利、农用物资等进行检测和实时评估，为农业资源的科学利用与监管提供依据。在生产中，通过物联网可以对生产过程、投入品使用、环境条件等进行现场监测，对农艺措施实施精细控制。在生产后，通过物联网把农产品与消费者连接起来，使消费者可以透明地了解从农田到餐桌的生产和供应过程，从而解决农产品质量安全溯源的难题，促进农产品电子商务的发展。

利用物联网技术部署的可持续高效灌溉系统，提升灌溉效率，减少水资源的浪费。物联网技术可以通过无线传感器技术应用于灌溉节水。覆盖灌溉区不同位置的传感器将土壤湿度、作物的水分蒸发量与降水量等参数通过无线传感器网络传送到控制中心，控制中心分析实时采集的参数后，精确计算出灌溉用水需求量，控制不同区域的无线电磁阀，精密、自动、合理地灌溉，从而达到提升灌溉效率、高效用水的目的。

农业监测包括土壤监测、收成监测等。土壤监测系统跟踪并改善土壤质量，防止土壤恶化。系统可对一系列物理、化学、生物指标进行监测，降低土壤侵蚀、密化、盐化、酸化以及受危害土壤质量的有毒物质污染等风险。收成监测机制可对影响农业收成的各方面因素进行监测，包括谷物质量流量、水量、收成总量等，监测得到的实时数据可帮助农场主形成决策。该机制有助于缩减成本、提高产量。

农业管理系统是利用传感器或者其他跟踪装置收集数据，收集到的数据经过存储与分析，为复杂决策提供支撑，面向政府农业监管部门、农业生产者和终端消费者等多个对象，实现农业生产监管及农业生产服务的目的，并可以提供可靠的金融数据和生产数据管理、提升与天气或突发事件相关的风险缓释能力，从而实现农业的生产、经营、管理、服务的全面深度融合，建立健全智能化、网络化的农业生产经营体系，提高农业生产全过程信息管理服务能力。

8.2.3　牛联网——奶牛养殖领域的物联网

畜牧养殖是物联网农业的重要应用。近年来，应用于奶牛养殖的技术层出不穷，而物联网技术应用于奶牛养殖领域也是有着不小的突破。

奶牛养殖的收益取决于奶牛的产奶量、产仔收益以及牧场的增值，在奶牛的发情期进行配种可以获得最大的收益。但是，每头奶牛生理周期具有差异，准确判断奶牛的发情期是一件难度很大的事情。奶牛每 21 天进入 2 天的发情期，约 65% 的奶牛会在晚上 9 点至第二天凌晨 4 点发情，且不同奶牛发情表现规律不同，发情后最佳配种时间不固定，高产奶牛发情持续时间短，容易错过。当前，奶牛场大多通过兽医人工检查的方式，包括直肠检查、行为观察等，监控奶牛的发情状况，人工检查对奶牛发情检出率低于 75%。漏配一个发情期，则每头奶牛损失效益约 2000 元。因此，奶牛体征监控是规模化养殖的关键。

为了开拓畜牧行业市场，自 2017 年 2 月起，中国电信集团有限公司（以下简称中国电信）联合华为技术有限公司（以下简称华为）和银川奥特信息、技术股份公司（以下简称银川奥特），通过方案集成与商业模式创新，推出基于 NB-IoT 的牛联网产品"小牧童"（见图 8-2），极大地改进了传统奶牛监控系统。在这一项目中，银川奥特提供奶牛专用信息采集终端及奶牛信息管理平台软件系统，华为向中国电信提供 NB-IoT 网络和物联网平台，并向中国电信提供设备和方案集成支持，中国电信作为系统集成商和服务提供商，为农场提供服务。这一牛联网项目主要应用奶牛体征监控，全面监控奶牛的健康状态，从而实现奶牛养殖效益最大化。

图 8-2　牛联网是奶牛养殖领域的突破

物联网应用于奶牛养殖也表现在信息感知、信息互联以及智能控制 3 个方面。

在信息感知方面，为每头牛佩戴"智能牛项圈"，它能实时测量奶牛的运动状态等体征数据。在信息传输方面，采用 NB-IoT 技术，项圈数据可直接通过 NB-IoT 网络传输到中国电信物联网开放平台，然后进入部署在天翼云上的奶牛信息管理平台。在控制应用方面，奶牛场管理层、饲养员、兽医等通过网页或手机客户端，可以实时获取奶牛体征信息。奶牛信息管理平台可对每头奶牛体征数据进行大数据建模，从而全面掌握奶牛的健康状况，比如判断奶牛是否生病及具体生理周期等。饲养员通过分析数据，可对奶牛进行科学喂养，及时治疗与配种。

采用这一系统后，银川奥特奶牛发情检测成功率从 75% 提高到 95%。按每头牛每天单产奶 30 千克，每千克 3.6 元，情期 21 天来计算，少漏配一个情期，每头牛可增加收入 2268 元。

8.3

不堵车的智慧城市

2010 年，上海世博会的主题是"城市，让生活更美好"，这一美好愿望背后折射出的是人们对城市现状的无奈。随着越来越多的人进入城市生活，城市越来越大，"城市化病"也越来越严重，交通拥堵便是其中之一。

高德地图发布的《2017 年度中国主要城市公共交通大数据分析报告》显示，2017 年全国高峰时超 26% 的城市处于拥堵状态，55% 的城市处于缓行状态，只有 19% 的城市不受高峰拥堵的影响；而从平峰来看，超 63% 的城市平峰处于畅通状态，超 35% 的城市平峰处于缓行状态。相比 2016 年，2017 年有 10 个城市拥堵呈现向近郊扩散的趋势，分别为北京、上海、天津、南京、武汉、西安、南昌、徐州、杭州、济南，除徐州外，其他城市均是直辖市或省会城市。济南，高峰拥堵延时指数①为 2.067，平均车速为 21.12km/h，2017 年有 2078 个小时处于拥堵状态，平均每天拥堵 5.7 个小时。在拥堵成本方面，香港成为 2017 年交通拥堵成本最高的城市，排在第二位和第三位的是北京、广州。2018 年拥堵变化趋势不容乐观，约有 42% 的城市呈上升趋势。

医治"城市化病"的有效药方是通过物联网技术让城市智慧起来，由

---

① 拥堵延时指数 = 交通拥堵通过的旅行时间 ÷ 自由流通过的旅行时间；拥堵延时时间 = 交通拥堵通过的旅行时间 − 自由流通过的旅行时间。

此也诞生了"智慧城市"的概念。智慧城市的概念最早由 IBM 提出。2009
年，IBM 在《智慧的城市在中国》白皮书中指出"智慧城市"是"能够充
分运用信息和通信技术手段感测、分析、整合城市运行核心系统的各项关
键信息，从而对于包括民生、环保、公共安全、城市服务、工商业活动在
内的各种需求做出智能的响应，为人类创造更美好的城市生活"。

建设智慧城市也逐渐成为世界各国的共识。智慧城市建设最早可以追
溯到新加坡的"智慧岛计划"。新加坡希望通过物联网等新一代信息技
术的积极应用，将新加坡建设成为经济、社会发展一流的国际化城市。
2012 年，美国国家情报委员会在发布的《全球趋势 2030》报告中，把"智
慧城市"列为对全球经济发展最具影响力的 13 项技术之一。

我国早在 2012 年就由住房和城乡建设部办公厅发布了首份关于智慧
城市的正式文件——《关于开展国家智慧城市试点工作的通知》，并印发
了《国家智慧城市试点暂行管理办法》和《国家智慧城市（区、镇）试点
指标体系（试行）》。2015 年 4 月，住房和城乡建设部办公厅、科学技术
部办公厅发布了《关于公布国家智慧城市 2014 年度试点名单的通知》，
首批国家智慧城市试点共 90 个，其中地级市 37 个，区（县）50 个，乡（镇）
3 个。相关资料显示，截至 2016 年 6 月，我国 95% 的副省级城市、76%
的地级城市，总计超过 500 座城市都明确提出了构建智慧城市的相关方案。

8.3.1　智慧城市之智能交通

物联网的主要特征是全面感知、可靠传输、智慧处理，物联网在智能
交通中的应用主要强调各类交通运输工具、运输系统、交通运输与管理的
基础设施作为组成物联网的对象来处理，需要统筹规划、设计和建设各类

系统共享的交通感知网络，从而更全面、充分地利用交通信息，优化社会整体交通状况、提高交通安全性、提高城市智慧程度，以取得更大的经济和社会效益。物联网技术可以应用于城市智能交通中的区域交通控制、动态交通信息服务、公共交通管理、道路电子收费系统以及智能车辆研究之中，并且通过这些物联网技术把智能交通融入到智慧城市之中。

所谓智能交通是指在较完善的基础设施（包括道路、港口、机场和通信）之上，将先进的信息技术、通信技术、控制技术、传感技术和系统综合技术有效地集成，并应用于地面运输系统，从而建立起大范围发挥作用的、实时的、高效的运输系统。在未来，通过物联网技术，城市交通就如一个复杂的生命有机体，交通工具与交通设施之间、交通工具之间都通过无线连接，通过电力化、车辆网和自动驾驶等物联网技术把整个城市的交通设备、信息等资源整合起来，构建起城市智能交通系统。交通工具本身不再是独立的个体，而是通过物联技术相互连接，并且随着交通工具本身的移动而相互影响，从而影响到周边的交通状况。交通工具通过网络实时获取交通信息，可以自动选择最佳路径，智能交通系统通过智能调度，让整个城市道路畅通，不再拥堵。

8.3.2 智慧杭州和它的"城市大脑"

2016 年 10 月 20 日，首届"新型智慧城市"峰会发布了全国 335 个城市的"互联网+"社会服务指数排名。从城市排名来看，杭州以 383.14 的高分名列全国第一。此外，便民服务新业态、交通运输服务品质、在线医疗新模式方面排名均是第一，成为名副其实的"中国最智慧城市"。

已经成为全球最大的移动支付之城的杭州，市民通过支付宝平台就可以完成衣食住行，并且可以享受超过 50 项政务和生活服务，基本覆盖了水、电、煤气的缴纳，医院挂号、交通违章等缴费，小客车摇号，社保查询等服务，甚至还可以查看台风预报。在城市生活中最为引人注目的出行方面，杭州公共交通已经全面互联网化，部分公交车、地铁已可以在线支付买票，公共自行车因其完善的租赁网络被 BBC 评为"全球公共自行车服务最棒的城市"。

当然，这并不是全部。让杭州更"智慧"的是 2016 年 10 月 13 日杭州市政府推出的"城市大脑"智慧城市建设计划。按照规划，"城市大脑"将首先把城市的交通、能源、供水等基础设施全部数据化，连接城市各个单元的数据资源，打通"神经网络"，并连通"城市大脑"的超大规模计算平台、数据采集系统、数据交换中心、开放算法平台、数据应用平台等五大系统进行运转，对整个城市进行全局实时分析，自动调配公共资源。这是全球第一个城市大脑计划。这一计划全面引入了阿里巴巴的"阿里云 ET 城市大脑"。

阿里巴巴的阿里云是首批国家新一代人工智能开放创新平台之一，ET 城市大脑建设思路是利用实时全量的城市数据资源全局优化城市公共资源，即时修正城市运行缺陷，实现城市治理模式、服务模式和产业发展的三重突破。

ET 城市大脑可以实现城市事件感知与智能处理、社会治理与公共安全、交通拥堵与信号控制以及公共出行与运营车辆调度。其中，交通拥堵与信号控制的实现方法是通过高德、交警微波、视频数据的融合，对高架和地面道路的交通现状做全面评价，精准分析和锁定拥堵原因，通过对红绿灯配时优化实时调控全城的信号灯，从而降低区域拥堵。

ET 城市大脑的一大功能是检测城市交通实时生命体征。通过归集数据、历史和实时比较，得出了日交通量、拥堵指数、延误指数、主干道车速、快速路车速 5 项城市交通"生命体征指标"，为交通管理研究判断、评估和决策提供大数据支持。平台基于交通流理论和交通特性分析，整合高德地图数据和交警数据，通过速度差、失衡度、延误率等 16 项参数指标，科学设定交通堵点算法，对路口、快速路匝道以及道路断面每 2 分钟进行一次检测与计算。

ET 城市大脑首次利用图像识别技术实时分析杭州 3000 多路视频，视频利用率从 11% 提高到 100%，实现车辆图搜以及视频实时自动巡检，低分辨率车辆检测准确率高达 91%。

在引入城市大脑的路段，通行效率明显改善。在杭州主城区，视频巡检替代人工巡检，日报警量多达 500 次，识别准确率 92% 以上；上塘路高架车辆道路通行时间缩短 15.3%；莫干山路部分路段缩短 8.5%。在杭州萧山区，信号灯自动配时路段的平均道路通行速度提升 15%；平均通行时间缩短 3 分钟；应急车辆到达时间节省 50%，救援时间缩短 7 分钟以上；"两客一危"也得到精准把控。萧山区还创新实现了 120 救护车等特种车辆的优先调度，一旦急救点接到电话，城市大脑就会根据交通流量数据，自动调配沿线信号灯配时，为救护车即时定制一条一路绿灯的生命线，并可减少对其他交通的影响。实际结果表明，救护车到达现场的时间比原来缩短了将近一半。

8.4

智能可穿戴设备

据不完全统计，世界上如今已经推出智能手表或者智能手环的公司超过 100 家，在手腕这一方寸之地可谓竞争激烈，这样的竞争也被形象地称为"手腕上的战争"。随着智能可穿戴设备的发展，人类的每一寸皮肤都将会是科技公司争抢的"地盘"。实际上，这种争夺战已经开始了，日本、美国、英国的研究人员已经研制出了"电子皮肤"，其中美国加州大学伯克利分校的研究团队研制出的"电子皮肤"可以感知 50 克以下的细微压力。这种"电子皮肤"是分辨率为 16 像素×16 像素的柔性屏，每个像素中装有一个晶体管、一个有机发光二极管和一个压力传感器。触摸屏幕，电子皮肤就会发光，压力越大亮度就越高。

8.4.1　可穿戴不止谷歌眼镜

2012 年 4 月 4 日，谷歌公司（Google Inc.）在其社交网络 Google+ 上公布了命名为"Project Glass"的电子眼镜产品计划，并于第二天发布了一个名为"Project Glass"的未来眼镜概念设计。谷歌在随后发布的售价约 1500 美元的开发版的谷歌眼镜，可以通过语音指令实现拍照、录像、导航等功能。谷歌眼镜的发布点燃了人们对智能可穿戴设备的热情，越来越多的科技公司加入到智能可穿戴设备的开发中来。

有人说 2012 年是智能可穿戴设备的元年，这并不准确，因为早在 20 世纪 60 年代就已经出现了智能可穿戴设备，只是当时的设备没有现在的"智能"和小巧。20 世纪 60 年代，美国麻省理工学院媒体实验室把多媒体、传感器和无线通信等技术嵌入到人们的衣着中，支持手势和眼动操作等多种交互方式，这可能是最早的人们对智能可穿戴设备的探索。70 年代，发明家 Alan Lewis 打造的配有数码照相机功能的可穿戴式计算机能预测赌场轮盘的结果。1977 年，Smith-Kettlewell 研究所的研究计算机视觉的 C.C.Colin 为盲人研制了一件背心，他将盲人佩戴的摄像机的图像转换成背心网格中的触觉意图，使盲人能够摸得到。在体育领域，2006 年，Nike 公司发布了第一代 Nike+ 芯片的篮球鞋与训练鞋。2008 年，Fitbit 推出首款健身设备，可以夹在衣服上，并追踪用户的步数、行走距离、热量消耗、运动强度和睡眠状态。在军事领域，1994 年美国就开始设计单兵武器 OICW 系统。1997 年，"21 世纪陆军勇士计划"单兵数字系统问世。2016 年，英国展示的一款整合了多个传感器的智能可穿戴系统，包括激光、视觉导航等传感器以及小型高清摄像头，各子系统能轻松装配在士兵的头盔、手臂以及枪械上，这套系统帮助士兵在状况复杂的城区冲突地带更快速、清晰地掌握战场整体环境。

从智能可穿戴设备发展的脉络可以看出，智能可穿戴设备远不止偏重于娱乐功能的谷歌眼镜。智能可穿戴设备根据不同的标准可以进行不同的分类。

智能可穿戴设备根据在人体穿戴部位的不同，可以分为头戴式、身着式、手戴式、脚穿式。其中，头戴式包括眼镜类、头盔类；身着式包括上衣类、内衣类、裤子类；手戴式包括手表类、手环类、手套类；脚穿式包括鞋类、袜类。

按照主要功能的不同，智能可穿戴设备可以划分为以下几类：运动健康类、娱乐类、信息资讯类、医疗类、智能家居类、安全保护类和综合功能类等。从目前来看，医疗和运动健康类设备使用的用户较多。

根据是否具有军事目的，智能可穿戴设备可以分为民用智能可穿戴设备以及军用智能可穿戴设备。其中，民用智能可穿戴设备包括游戏相关穿戴设备、生活相关穿戴设备（智能手环、智能手表、智能眼镜、智能衣着等）。

8.4.2　智能可穿戴设备的爆发是技术发展的必然结果

智能可穿戴设备的出现已经有 40 年的历史，但它们往往要么在实验室里是研究人员的"黑科技"，要么是小众人群的"玩物"。总之，显得比较"科幻"，离普通大众的工作和生活很遥远。这是因为当时的科学技术还追不上人类想象的翅膀。同其他可穿戴设备一样，智能可穿戴设备要同衣服、鞋帽一样，附着于人的身体，但不应该成为身体的负担。限于技术水平，早期的智能可穿戴设备往往过于笨重和臃肿，使得它们不能被穿戴或长时间穿戴，不太可能成为人们生活的一部分。

当今智能可穿戴设备的爆发是传感技术、显示技术、人工智能、数据交互技术等发展的必然结果。这些技术也成为促进智能可穿戴设备爆发的关键技术。具体来讲，这些技术包括传感技术、显示技术、芯片技术、操作系统、无线通信技术、数据计算处理技术、提高续航时间技术、数据交互技术等。

在智能可穿戴设备中传感技术尤为关键，尤其是微型传感、无线传感以及智能传感技术。目前，应用较多的传感器类型有骨传导、音源感测、肌电感测、重力感测、影像感测、陀螺仪、加速度计、磁力计、方向感测、线性加速度感测、光体积信号变化感测模组、心电图脑波感测模组、眼球追踪感测等，主要用于完成语音控制、眼球追踪、手势辨别、生理监控（包括心跳、血压、睡眠质量等）、环境感知（如温度、湿度、位置和压力）等。

显示技术（特别是柔性显示技术）的发展也是推动智能可穿戴设备发展的重要原因之一。柔性显示材料可变形可弯曲，在智能可穿戴设备上有着广泛的应用。目前，日本半导体实验室以及苹果、三星、LG、Philips、诺基亚等公司正积极开发并推进可弯曲的柔性屏幕、电池和人机界面系统并进行专利布局。

智能可穿戴设备采用的操作系统主要有 3 类，分别是嵌入式实时操作系统、基于 Android 平台进行修改的操作系统和专有操作系统。

智能可穿戴设备的价值不仅是简单的硬件功能，还包括依托于硬件的软件和数据服务。人机交互技术可以进一步分为现实增强（AR）/介入现实（MR）、语音交互、手势交互、触觉交互、骨传导、眼动跟踪技术。智能可穿戴设备与云平台的交互方式，按照通信方式的不同可以分为两类：一类是智能可穿戴设备具备通信能力，能够直接与云平台交互；另一类是可穿戴设备不具备通信能力，需要通过手机与云平台交互。

除了上述关键技术的突破外，人工智能、大数据、云计算等技术以及其他物联网技术的发展也为智能可穿戴设备创造了良好的技术环境，最终促进了智能可穿戴设备发展的爆发。

8.4.3　智能可穿戴已颠覆现代生活

相较于其他智能设备，可穿戴设备对人们生活的影响会更加深刻，因为可穿戴设备直接影响人们的生活和工作。智能可穿戴设备是"人机交互"的计算理念的产物，是终端设备的智能化与人性化思想发展的必然结果，是对传统计算模式和概念的突破。智能可穿戴的目的是探索全新的人机交互模式，并最终实现为每个人定制智能化、人性化的智能可穿戴设备，实现人类智能的延伸。

可穿戴设备特殊的"携带""交互"方式是一种非常适合物联网应用的现场作业和信息处理模式。同时，智能可穿戴设备也是绝佳的物联网载体和入口。智能可穿戴设备实际上承担着将万物数据化的功能，对于消费者来说，佩戴智能可穿戴设备的目的是获得智能设备带给的服务，提高智能体验；而对于智能可穿戴公司来说，设备获得的数据具有更大的价值，对于优化人机交互体验有着基础性的作用。

根据 IDC 公布的统计数据，2017 年全球可穿戴设备出货量达到 1.154 亿台，相较于 2016 年（1.1046 亿台）增长了 10.3%，而 2016 年同比增长率为 27.3%。苹果公司在 2017 年第四季度的出货量为 800 万台，市场占有率为 21%；全年出货量为 1770 万台，市场占有率为 15.3%。2017 年第四季度，Fitbit 的出货量为 540 万台，市场占有率为 14.2%；小米公司的出货量为 490 万台，市场占有率为 13%。不过从全年来看，小米凭借着 1570 万台设备和 13.6% 市场占有率位居第二，Fitbit 以 1540 万台和 13.3% 占有率位居第三。

智能可穿戴设备已经渗透到我们生活的方方面面，它让我们的生活更加智能。目前，已经推出的智能可穿戴设备主要有智能手表、智能手环、随身追踪器（如儿童手表）以及智能眼镜等。

实际上，除了谷歌眼镜、苹果智能手表这些高端产品外，儿童手表等智能追踪设备的应用更加普遍。主打安全功能的儿童或者老人佩戴的智能追踪设备一般至少具备跟踪定位、语音通话、导航以及运动等功能，有的还具备监听、设置安全区域等功能。有些医院也已经为病人佩戴智能追踪器，以实现对病人的管理。

然而，智能可穿戴设备的发展似乎遇到了一些瓶颈。业界普遍认为，智能可穿戴设备行业除了存在技术瓶颈外，还存在用户"非刚需"的问题，最有可能先实现突破的是健康医疗领域。可穿戴设备、健康管理软件等可以帮助消费者持续了解自身的健康状况，从而调整生活习惯、加强身体锻炼、做好疾病预防。基于远程医疗等技术，佩戴可穿戴设备的患者可及时获得医疗信息与医疗支持，医生可对患者情况进行持续跟踪、合理用药，有效降低患者的就医频次和医疗费用。

所以，智能可穿戴设备已经深入生活中，也许你还没有感受到它的存在，实际上它已经改变了你的生活。

第 9 章

物联网的展望

9.1

重新认识物联网

物联网概念的出现，突破了每一个先前建立并得到了广泛认同的概念。现如今，我们使用的互联网由精通密码学和路径规划的工程师发明，最终成为最好用的工具之一。但是物联网的结构依赖的并不是这种经验，更多的是依靠自然而不是传统固化的网络结构。为了实现更多技术上和经济上的需求，物联网必须采用一个与互联网不同的结构。

9.1.1 为什么互联网需要新的解决方案

我们现在使用的互联网，它最初的作用是连接数十亿的入网设备。随着物联网浪潮的爆发，更大量级的设备会被接入网络，这对于原来的拓扑结构是一个非常巨大的考验。这些给我们生活带来巨大便利的联网传感器所需要的是一种低成本的连接，同时能够通过网络随时接收来自中枢的指令。现在的网络已经明显不能满足这样的需求，而且随着物联网应用的不断扩大，这种供求之间的矛盾会越来越严重。

从某种意义上来讲，物联网所触及的终端产品的广泛程度和数量都是极其巨大的，而且这些连接终端的设备都有一些共同特点：低速、传输质量不高、非实时传输。很多时候信息的传输甚至不通过中枢，仅是在两个相关设备之间进行，这和传统的中心化网络结构差异很大。过去在建设互联网时，数据网络容量总是远远高于实际所需，服务器和存储器等其他方式也是一样，为的是防止因为连通方式不合理造成网络过载，甚至导致网络崩溃，所以必须花费大量的时间和金钱去维护整个网络，不断升级和优化算力和存储能力。

但是回归到物联网上，我们会发现这些设备与传统的互联网设备不同。物联网设备各种各样，如温度感应器、节水阀门、停车场的拦截杆、家用电器等都可以是物联网设备。这些设备里很可能没有运算器，没有内存，也没有光驱和其他硬件基础，但是这种缺失却没有影响它们的正常运行。连接它们的网络并不需要有很多的资源，只要能够满足设备简单的工作性能就可以。如果用现有的互联网去连接它们是非常不划算的，因为会有太多的资源被闲置浪费。更多时候这些在网络末端的设备像是处在一个自给自足的状态，整个网络的控制、交流也和原来的互联网有着巨大的差异。

此外，物联网行业的兴起，引发了物联网设备从数量到种类的急速爆发。未来几年，物联网设备数量将会超过地球上的总人口数量。我们身边的许多东西，例如路灯、发电机、温度计，甚至厨房里的微波炉都会在同一种范式之下被连接起来。这种应用状况首先就会引发物联网设备的管理问题。我们以智能手机和计算机为例，在 2020 年，这两种设备大概的拥有量为 30 亿台，设备通过自己的处理器、内存以及人工干预的方式在传统网络中形成了配合，并在寻址方式 IPv6 的指导下正常运行。但是对物联网设备来说，每个人平均会有 10 个物联网设备，也就是说，至少有 700 亿个物联网设备需要接入网络，这远远超出了 IPv6 的容量，所以，为了能够统一管理物联网设备，这些设备需要有自我寻址以及自我归类的能力。

物联网设备每天发送大量不同的数据信息，但这些信息和传统互联网上的信息不同。传统互联网上流通的信息主要是人类与计算机交互产生的信息，例如电子邮件以及各类消息。而物联网信息则主要是机器与机器之间传递的数据，这些数据不会像人类产生的信息那样，需要大规模的压缩和打包才能在网络上传递。举例来说，家里的智能温度计向中央空调传递数据，以决定是否需要给室内降温。这种传递可能仅需要几个字节的数字信息就能完成不同设备之间的互动。而且这个数据也不会实时传输，温度计的数据可能每小时才生产一次，然后发送给空调，这大大降低了整个网络里的数据量。就算这些终端产生了数据，也还会有终端上层稍微有计算能力的设备把各个来路的设备数据处理之后，变成有用的信息再次传递给它的上层。这意味着在网络里有更少但价值更大的数据在流动，不管这些产品多么复杂，它们都不会产生和现代互联网一样体量的数据流动。所以，为了减少成本，生产商在设计时就会使用带宽非常窄的连接方式来满足设备之间连接的特性。

除了数据在数量上的不同之外，物联网与互联网在传输数据质量的要求上也不一样。例如，想象在生活中使用互联网的情形，别人发给你的邮件内容只有一半，另一半内容不知发到谁的邮箱里。这种情况是无法忍受的，一方面你的个人信息遭到泄露，另一方面也可能影响了工作效率。这说明互联网在数据传输的过程中要非常可靠才行，于是有 TCP/IP（互联网协议），为的就是能够使传输安全可靠。简单来说，TCP/IP 的运行原理就是通过重复发送数据包来保证数据是完整的。但这在物联网中可能就是错误的方式。物联网设备传送的数据量虽然少，但是物联网设备的数量巨大。如果采用重复发送的方式在设备之间传递数据来确保数据完整，其对整个网络的压力是不可想象的。而且对于那些功能时效性不强的设备，即使丢失几个数据对其正常运行以及人类的使用也没有太大影响。所以大部分情况下，物联网设备并不需要使用这种保证数据完整的协议。

物联网之所以不需要像互联网那样设立各种协议的根本原因在于其设备都有自己的上层中枢，设备本身不需要处理器和内存。所以，当前最好的解决方式就是设立一张和互联网平行的大网，把这些设备连接到一起发挥作用，同时还不需要解决地址问题和传输数据问题，这个大网就是物联网。

9.1.2　物联网价值的经济学考量

传统互联网使用 IPv6 的好处就是这种寻址方式能够给所有设备提供一个地址，让它们在交流过程中有个合法的身份。其实这个寻址方法的整体容量是足够包容现有的物联网设备的，毕竟 3.4×10^{38} 是一个超级巨大的数字。但并不意味着这个方法可以被物联网直接采用，如果直接将该方法移植到物联网上，就忽视了物联网设备布设的经济学因素。我们可以从硬件、软件、管理以及安全性上分析为什么直接移植是一种非常不经济的行为。

1．功能少成本低

传统的计算机与通信设备在功能和硬件上都比较复杂，而且为了让它们适应 IPv6，还必须在上述的硬件之外增加额外的电子元件。因此，为了适应互联网使用准则，生产商必须付出一定的成本。物联网产品在物理结构上并没有处理器等其他硬件，也不使用现有的数据连接方式。缺少了大量硬件的物联网设备成本必然会非常低，因此售价也非常低。这种标准化的低成本的解决方案能够极大地促进市场对其的采购热情。

2. 传统技术标准被颠覆

生产和制造传统联网电子仪器的生产商，为了能获取市场，必须拥有先进的生产技术。这导致在这一领域的生产者非常少，但物联网设备降低了生产者的准入门槛。所以从经济角度来讲，厂商并不会坐以待毙，更合理的选择就是联合起来采用新的被广泛接受的网络标准。而且进一步，就算是给所有的物联网设备以 IPv6 地址，从中准确找到并管理这台设备也是一件非常消耗时间和成本的事。在这种情况下，管理一个设备所需要支付的成本甚至可能会比设备本身多得多。所以从经济角度上来说，传统标准并不会被生产商采用。

3. 管理控制成本

在构建物联网时，通常不会在终端设备上花费太多成本和精力，因为管理设备的功能可以通过物联网整体结构中的中枢实现，不需要人工手动操作，而且物联网网络只为各个设备提供了非常有限的网络能力。物联网为了降低成本而建立的神经中枢，有点像各个设备家族的"族长"。它最了解整个系统的内部情况，并能够及时处理各个设备发来的信息数据。如果没有设置这样的层级结构，整个网络很难在各设备权限平等的情况下实现有效的功能管理。

9.2

世界主要国家的物联网布局

9.2.1　美国的物联网布局

在物联网产业发展史上，提到美国的物联网发展，必然要提到美国的"智慧地球（Smarter Planet）"，正是"智慧地球"构想使物联网成为很多国家的发展重点。2009 年 1 月，IBM 首席执行官彭明首次提出"智慧地球"的概念，建议美国政府投资新一代的智慧型基础设施，其中包括美国要形成智慧型基础设施的物联网。美国政府给予了积极回应，使得"智慧地球"的战略构想上升为美国的国家级发展战略。随后美国出台了《经济复苏和再投资法》，并投入总额为 7870 亿美元的经费，具体推动国家发展战略的落实。

"智慧地球"的核心是利用各种感知、测量、控制设备与系统实现更加透彻的感知；利用先进的网络通信技术实现更为广泛的互联互通；利用智能分析与决策技术促使政府、企业和市民做出更明智的决策。从国家层面看，智慧地球是通过应用新一代信息技术，利用超级计算机、云计算将各种物联网应用系统互联起来，实现人类社会与物理世界的深度融合，以一种更加智慧的方式，通过信息通信技术来改变政府与社会大众的交互方式，使政府与社会大众的交互更加容易、更灵活和更有效，政府能够更快、更准确地了解民情民意，从而提高办事效率，提高决策的准确性。

在美国国家情报委员会发表的《2025 年对美国利益有潜在影响的 6 项关键技术》的报告中，将物联网列为 6 项关键技术之一。

美国国家标准与技术研究院于 2014 年发布了《改善关键基础设施网络安全的框架》，对包含物联网在内的多种新型连接技术提出网络安全实践准则和建议。2016 年，美国国土安全部发布《保障物联网安全的战略原则》，该文件主要内容为强调美国政府机构与物联网投资者加强合作，探索规避物联网潜在威胁的方法与途径；增强物联网投资商的风险意识，及时对物联网的各种危机做出反应，加强面向公众的物联网危机教育和培训；推进物联网国际标准的制定进程，确保美国标准与国际标准的一致性。

美国商务部在 2017 年 1 月发布《推动物联网发展》的报告，提出未来物联网重点发展方向：一是加强基础设施的可用性和接入性，推动包括固定及移动网络、卫星网络以及 IPv6 等基础设施建设，增加频谱资源，以促进物联网发展；二是研究制定权衡各方利益的政策，促进并鼓励行业合作，积极消除物联网发展政策障碍，扩大应用的同时，推进制定保护物联网用户的规则；三是尽快完善物联网技术标准，以支持全球物联网的互操作，确保物联网设备和应用的不断增长。报告同时提出政府部门促进物联网进一步发展应遵循的基本原则：① 出台针对性政策并采取措施，以保证稳定、安全、可信任的物联网生态系统；② 构建基于行业驱动、标准统一基础之上的互联开放、可互操作的物联网环境；③ 为促进物联网发展创新，鼓励扩大市场并降低行业进入门槛，召集政府、民间团体、学术界、私营部门等利益相关方共同解决政策挑战。

9.2.2 欧洲的物联网布局

欧洲的物联网应用以德国、英国、法国、荷兰等发达国家为主。1999 年，欧盟在里斯本推出了"E-Europe"全民信息社会计划。2005 年 4 月，欧盟执行委员会正式公布了欧盟信息通信政策框架"i2010"，并于 2006 年就成立工作组，专门进行 RFID 技术研究。2008 年发布《2020 年的物联网——未来路线》。

2007 年，欧洲物联网研究项目组成立。该项目组由欧洲物联网研究总体协调组进行统一协调和管理。项目组成立的目的是将欧洲物联网研究项目集合起来并促进一个共同愿景的产生，具体目标有 4 个：①促进欧洲不同物联网项目的网络互联；②协调物联网的研究活动；③补充专业知识、人员和资源，实现影响的最大化；④建立项目之间的协同作用，确保国际合作。

2009 年，欧盟委员会向欧盟议会、理事会及欧洲经济和社会委员会及地区委员会递交了《物联网——欧洲行动计划》，这是全球首个国家级的物联网发展规划。该计划提出了 14 个行动路线：①监管；②持续地监控隐私和个人数据保护问题；③芯片静默；④辨别潜在的风险；⑤物联网作为经济和社会的关键资源；⑥标准制定；⑦研究和发展；⑧公共和私有联合体；⑨创新和示范项目；⑩机构认知；⑪国际对话；⑫ RFID 循环回收线；⑬跟踪评估发展情况；⑭评估发展。也是在 2009 年，欧洲物联网研究项目组发布了《物联网战略研究路线图》，该路线图把物联网研究分为 10 个层面：感知、宏观架构、通信、组网、软件平台及中间件、硬件、情报提炼、搜索引擎、能源管理以及安全，并提出欧盟在 2010 年、2015 年、2020 年 3 个阶段的研发路线。

2015 年 3 月，欧盟成立了物联网创新联盟，汇聚欧盟各成员的物联网技术和资源，创造物联网生态体系。2015 年 10 月，欧盟发布"物联网大规模试点计划书"征求提案，向全球征集发展物联网产业的建议。该计划涉及智能看护、智能交通、智慧城市、智慧农业、智能可穿戴设备等领域，对用户隐私、数据安全、用户接受度、标准化、互操作性以及法规等共性问题进行资助。2016 年欧盟计划投入超过 1 亿欧元支持物联网重点领域。

9.2.3 德国的物联网布局

德国的制造业比较强大，德国的物联网发展也是从制造业切入的。工业 4.0（Industrie 4.0）实际上就是物联网在制造业领域的应用。

德国认为，迄今为止工业产业经历了三次革命。如今，随着信息技术的发展，第四次工业革命正在到来。第一次工业革命（工业 1.0）起源于英国，发生在 18 世纪末期至 19 世纪中期，以 1784 年蒸汽机的发明为标志。这次工业革命的结果是以蒸汽机作为动力机被广泛使用，机器生产代替了手工劳动，促进了生产力的巨大飞跃。经济社会由农业、手工业为基础转型到了以工业以及机械制造带动经济发展的模式。第二次工业革命（工业 2.0）肇始于 19 世纪中晚期，同时起源于几个发达资本主义国家，以电力的发明和广泛应用为标志，人类进入了电气时代。第二次工业革命后，首次出现了以分工为基础的产品批量生产的模式。第三次工业革命（工业 3.0）兴起于 20 世纪四五十年代，以原子能技术、航天技术、电子计算机技术的应用为代表。不同以往的是，这次工业革命之后，科学技术在经济生活中的作用越来越大。这次工业革命之后，电子计算机得到广泛应用，出现了基于电子和 IT 技术的自动化生产流程。

工业 4.0 是第四次工业革命的简称。在 2011 年的汉诺威工业博览会上，德国首次提出工业 4.0 的概念。2012 年，由德国政府出面，联合主要企业，成立了"工业 4.0 工作组"。2013 年 4 月，"工业 4.0 工作组"发表《保障德国制造业的未来：关于实施"工业 4.0"战略的建议》，进而由德国电气电子和信息技术协会细化为"工业 4.0"标准化路线图。目前，工业 4.0 已经上升为德国的国家战略，成为德国面向 2020 年高科技战略的十大目标之一。

德国政府认为，工业 4.0 是利用物联信息系统（Cyber Physical System，CPS），将生产中的供应、制造、销售等环节数据化、智慧化和自动化，从而快速地提供给用户个性化的产品。工业 4.0 是以 CPS 为核心发展的智能制造。工业 4.0 的核心是"智能＋网络化"，主要包括智能工厂和智能生产。

德国政府投资 2 亿欧元支持工业 4.0，并在政策方面，统一专业术语，做好标准化工作；构建模拟实验平台，促进模型应用；完善宽带等基础设施，加强与制造业的合作；研究出台 IT 数据安全策略，在全球范围内探索安全的解决途径；建立最佳实践网络和数字化学习工具，开展培训和技能评估；制定相关规则，对产业、组织、数据安全、产品贸易等领域进行规范。

9.2.4　日本的物联网布局

日本政府大规模推动国家基于信息化的基础设施建设，大力发展"智慧泛在"构想及泛在网相关建设。日本为了将其建设成为以"国民为中心的数字安心、活力社会"的国家，接连制定了一系列信息化发展战略，包括 E-Japan 战略、U-Japan 战略、I-Japan 战略。

E-Japan 战略于 2001 年实施，目标是 5 年内使日本成为世界最先进的

IT 国家之一。该战略主要包括 4 个方面的内容：建设超高速网络，尽快提供不间断的网络接入；制定电子商务的相关法规；实现电子政务为日本培养高素质人才资源。E-Japan 战略在政策法规和人才储备等方面为后续物联网技术的发展准备了充分条件。

U-Japan 战略由日本通信产业的主管机关总务省于 2004 年提出，旨在 E-Japan 战略已实现的宽带化、信息基础设施建设和信息技术及应用普及的基础上，实现"所有人与人、物与物、人与物之间的连接"。U-Japan 战略的重点在于进一步加强基础设施建设并增大其利用率，主要从 3 个方面展开建设性工作：泛在社会网络的基础建设，到 2010 年能够为全体国民提供高速或超高速的网络接入环境，可实现从有线到无线、从网络到终端，包括认证、数据交换在内的无缝链接；ICT 的高度化应用旨在通过 ICT 的高度有效应用促进社会改革，计划到 2010 年，ICT 可以解决包括环境能源、灾害防治、教育人才和医疗福利在内的诸多方面的社会问题；推行促进技术安全和保障的 21 项策略，包括隐私保护、安全信息保障、创建电子商务基础设施等，以应对大规模的网络推广给社会带来的新问题。

2009 年 7 月，日本 IT 战略本部颁布了日本新一代的信息化战略——I-Japan 战略。该战略的目的是将公共部门的工作完全连接到网络中，信息技术将最大限度地服务于大众，通过打造数字化社会，参与解决全球性的重大问题提升国家的竞争力。I-Japan 战略主要聚焦三大公共事业：电子化政府治理、医疗健康信息服务和教育与人才培养。该战略提出重点发展的物联网业务包括环境监测和管理；控制碳排放量；远程医疗、远程教学等职能城镇项目；老年与儿童监视等，旨在加强物联网在交通、医疗、教育和环境监测等领域的应用。2015 年，日本发布中长期信息技术发展战略《I-Japan 战略 2015》，其目标是"实现以国民为中心的数字安心、活力社会"。I-Japan 战略描述了近几年日本的数字化社会蓝图,阐述了实现数字化社会的战略。日本政府希望通过物联网技术的产业化应用,减轻由于人口老龄化所带来的医疗、养老等社会负担。日本大力推进农业物联网,计划10 年内普及农用机器人,预计 2020 年市场规模将达到 50 亿日元。

9.2.5 韩国的物联网布局

2004 年,韩国提出为期 10 年的 U-Korea 战略。该战略是推动韩国物联网普及应用的主要策略,其目标是"在全球最优的泛在基础设施上,将韩国建设成全球第一个泛在社会"。为了更好地实施 U-Korea 战略,2006年 2 月,韩国在《U-IT839 计划》中提出,要建设全国性宽带(BcN)和IPv6 网络,建设泛在的传感器网(USN),打造强大的手机软件公司;把发展包括 RFID/USN 在内的 8 项业务和研发宽带数字家庭、网络等 9 个方面的关键设备作为经济增长的驱动力。

2009 年,韩国通信委员会出台了《物联网基础设施构建基本规划》。该规划将物联网市场确定为新增长动力,提出到 2012 年实现"通过构建世界最先进的物联网基础设施,打造未来广播通信融合领域超一流信息通信技术强国"的目标,并确定了构建物联网基础设施、发展物联网服务、研发物联网技术、营造物联网扩散环境等 4 个领域、12 项子课题。

2014 年 5 月,韩国发布《物联网基本规划》。在《物联网基本规划》中,韩国政府提出成为"超联数字革命领先国家"的战略愿景,计划提升相关软件、设备、零件、传感器等技术竞争力,并培育一批能主导服务及产品创新的中坚企业。同时,通过物联网产品及服务的开发,打造安全、活跃的物联网发展平台,并推进政府内部及官民合作等。

自 2015 年起，韩国未来科学创造部和产业通商资源部将投资 370 亿韩元用于物联网核心技术以及 MEMS 传感器芯片、宽带传感设备的研发。2016 年，韩国两大电信运营商 SK 电信和韩国电信争先部署物联网，目的是第一时间实现物联网商用。2016 年，韩国成为世界上物联网普及率最高的国家之一。

9.2.6　中国的物联网布局

物联网被视为继计算机、互联网之后信息化的第三次浪潮，我国一直把发展物联网作为重大的发展机遇。事实上，我国的某些物联网技术已经处于世界领先水平，如我国早在 1999 年就提出了"感应网络"的概念。

2003 年，国家标准化管理委员会会同科学技术部在北京召开了"物流信息新技术——物联网及产品电子代码（EPC）研讨会暨第一次物流信息技术联席会议"。这次会议被视为我国系统研究物联网的开端。

2004 年 4 月 22 日，中国产品电子代码管理中心正式成立，2004 年首届中国国际 EPC 与物联网高层论坛及 EPC 与物联网第二届联席会议也同期举行，全球产品电子代码管理中心（EPCglobal）授权中国编码中心为 EPCglobal 在中国唯一的代理机构，负责 EPC 代码在中国的注册、管理和相关工作的推进及实施。

2016 年，工信部印发了《信息通信行业发展规划物联网分册（2016—2020 年）》，指出"十三五"期间，我国物联网发展的目标是到 2020 年，具有国际竞争力的物联网产业体系基本形成，包含感知制造、网络传输、智能信息服务在内的总体产业规模突破 1.5 万亿元，智能信息服务的比重大幅提升。推进物联网感知设施规划布局，公众网络 M2M 连接数突破 17 亿。

物联网技术研发水平和创新能力显著提高，适应产业发展的标准体系初步形成，物联网规模应用不断拓展，泛在安全的物联网体系基本成型。

9.3

下一代物联网技术标准

9.3.1　技术标准制定符合各国实际

物联网的最大价值莫过于对物联网信息资源的利用，而对物联网利用的关键在于依据自己的标准建立物联网编码资源，只有这样才不会重蹈互联网域名受限的覆辙。

我国在物联网标准制定方面是与世界同步的，甚至在某些领域还起到了主导作用。2015 年 5 月 20 日，在比利时布鲁塞尔召开的物联网标准大会决定，物联网标准工作组（WG10）将同步转移原中国主导的物联网体系架构国际标准项目（ISO/IEC 30141），并由中国专家继续担任该体系架构项目组主编辑，这是我国第一次在信息技术领域参与标准的制定，也标志着我国在物联网标准制定上掌握着一定的话语权。

统一、规范的物联网标准体系的建立是物联网产业发展的基础。目前，国内物联网标准存在的最大问题是很多标准互不兼容，这使得物联网的优势无法显现出来。物联网从感知层、网络层到应用层，涉及多个行业、多个领域，只有统一、规范的物联网标准才能促进物联网快速、健康发展。

标准化不足也是制约物联网产业发展的瓶颈之一。虽然物联网行业巨大，但各种各样的物联网应用场景把物联网分割成很小的板块，而每个板块都很小，无法形成规模效应，这意味着物联网应用的成本很难降低，从而导致物联网很难商用，进而制约物联网的发展。

对于企业来说，标准的制定意味着获得竞争优势，通过制定行业标准获得竞争优势是企业快速发展的途径之一。

对于行业跟随者，或者对中小企业来说，要想获得竞争优势，必须根据不同的发展阶段实施不同的企业战略。按照企业实力的从弱到强，企业可以实施这样的战略三部曲：标准应用——适应市场、技术积累——自主提升、主导标准——分享利益。

对于刚刚进入物联网某一领域的企业，首先要解决的是市场的准入问题，而物联网标准即是市场准入标准。在这一阶段，企业应实施的战略是遵循物联网标准，适应市场，解决与其他产品或系统的互联互通的问题。在进入物联网市场后，企业仍然处于竞争的劣势，这一阶段企业必须不断积累技术，并进行专利布局，为制定企业标准做好准备。当企业的技术积累到一定阶段，企业的知识产权影响越来越大，企业就可以将自己的知识产权上升为行业标准，从而获得知识产权的最大红利。

9.3.2 已有物联网标准制定情况

物联网涉及领域众多，技术繁杂，所以物联网涉及的标准组织也非常多，既有国际、区域和国家标准组织，也有行业协会和联盟组织。不同的标准组织侧重的技术领域也会不同。

物联网标准体系分为 6 类，分别是基础类、感知类、网络传输类、服务支撑类、业务应用类、共性技术类。基础类标准包括体系结构和参考模型标准、术语和需求分析标准等，它们是物联网标准体系的顶层设计和指导性文件，负责对物联网通用系统体系结构、技术参考模型、数据体系结构设计等重要基础性技术进行规范。感知类标准主要包括传感器、多媒体、条码、射频识别、生物特征识别等技术标准，涉及信息技术之外的物理、化学专业，涉及广泛的非电技术。网络传输类标准包括接入技术和网络技术两大类标准。接入技术包括短距离无线接入、广域无线接入、工业总线等；网络技术包括互联网、移动通信网、异构网等组网和路由技术。服务支撑类标准包括数据服务、支撑平台、运维管理、资源交换标准。业务应用类标准具有鲜明的行业属性，目前物联网业务应用领域包括公共安全、健康医疗、智能交通、智能家居、智能电网、智能制造、林业、农业环保等。共性技术类标准包括物联网标识标准、物联网安全标准等。

物联网标准体系总体框架如图 9-1 所示。

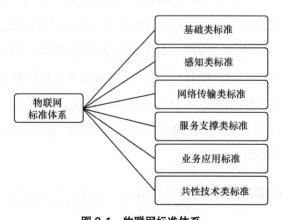

图 9-1　物联网标准体系

9.3.3　国际制定情况

物联网主要国际标准组织包括电气和电子工程师协会（Institute of Electrical and Electronics Engineers，IEEE）、国际标准化组织（International Organization for Standardization，ISO）、欧洲电信标准化协会（European Telecommunications Standards Institute，ETSI）、国际电信联盟电信标准分局（ITU-T for ITU Telecommunication Standardization Sector，ITU-T）、第三代合作伙伴计划（3rd Generation Partnership Project，3GPP）、第三代合作伙伴计划 2（3rd Generation Partnership Project 2，3GPP2）等。ISO 主要针对物联网、传感网的体系结构及安全等进行研究；ITU-T 与 ETSI 专注于泛在网总体技术的研究，但二者侧重的研究角度不同，ITU-T 从泛在网的角度出发，而 ETSI 则是以 M2M 的角度对总体架构开展研究；3GPP 和 3GPP2 是针对通信网络技术方面进行的研究；IEEE 是针对设备底层通信协议开展的研究。

1. 基础类标准方面

ISO/IEC（国际标准化组织和国际电工委员会）制定了物联网的参考体系结构标准，完成传感网的架构和需求等标准制定；ITU-T SG13 制定了 Y.2002、Y.2221 和 Y.2060 规范；IIC 技术工作组研究工业互联网的参考架构、术语、连接性参考架构、数据管理及开放框架等；ETSI 对 M2M 体系架构进行分析；IEEE P2413 启动了物联网参考架构框架方面的研究；OneM2M 需求工作组研究 M2M 业务需求，架构工作组研究 M2M 的功能架构；CCSA TC10 开展了泛在网术语、泛在网的需求和泛在网总体框架与技术要求等标准项目。

2. 感知类标准方面

ISO/IEC 制定了条码、二维码、RFID 技术标准、应用标准，定义了传感器数据采集接口标准，制定生物特征识别；ISO 制定条码、RFID 在包装领域技术、应用、检测标准；IEC 制定电工仪器仪表标准、电器附件标准；IEEE 定义了智能传感器内部的智能变送器接口模块（SMT）和网络适配处理器模块（NCAP）之间的软硬件接口；ITU-T 启动关于标识系统（包括 RFID）的网络特性的面向全球的标准。

3. 物联网网络传输类标准方面

ITU-T 研究下一代网络（NGN）支持泛在网络、泛在传感器网络的需求，网络架构等标准工作；ISO/IEC SC6 研究电信与系统间信息交换，包括无线局域网、时间敏感性网络、泛在网等；WG7 全面启动传感网国际标准的制定工作；ETSI 专门成立技术委员会，开展 M2M 解决方案的业务需求分析，网络体系架构定义、数据模型、接口和过程设计等工作；LoRa 联盟发布了针对远距离、低功耗的 LoRaWAN1.0 版本，适用于传感器、基站和网络服务提供商；开放的地理空间联盟（Open Geospatial Consortium，OGC）正式提出了传感器 Web 网络框架协议（Sensor Web Enablement，SWE），为传感器定义网络层接口标准；IEEE 802.1 对传统以太网的竞争接入技术进行优化，以满足时间敏感性场景需求；IEEE 802.3 针对工业场景的需求，在实时性、数据线供电、单根双绞线传输等方面对传统的以太网技术进行增强；IEEE 802.15.4 定义设备间的低速率个域网中物理层和 MAC 层通信规范；IEEE 802.3 制定无线局域网接入标准；IEEE 802.11ah 定义 1GHz 以下频段操作，针对物联网应用场景的低功率广域无线传输技术；IEEE P1901 对于电力行业需求直接的电力线通信 PLC 技术进行标准化，发布了宽带高速率和窄带低速率两套标准；IEC SC 65C 制定工业测量与控制过程中的数字通信子系统；ZigBee 联盟在 IEEE 802.15.4 的基础上定义了高层通信协议，用于指导厂商开发可靠安全、低速低功耗的短距离无线传输芯片设备。

4. 服务支撑类标准方面

ISO/IEC JTC1 开展了中间件、接口、集装箱货运和物流供应链等应用支撑领域的标准工作；IEC SC 65E 定义了电子设备描述语言（Electronic Device Description Language，EDDL）、工程数据交换格式 AutomationML（Engineering Data Exchange Format）等；SC 3D 定义了用于描述电子设备属性及标识符的通用数据字典（Common Data Dictionary，CDD）；ITU-T 研究泛在传感器网络中间件的服务描述和需求，成立智能电网焦点组和云计算焦点组，研究物联网相关应用需求；ZigBee 制定了 11 个行业应用相关的 Profile，包括智慧能源、健康监测、智能家居和照明控制等；ETSI 对应用实例研究，分析通信网络为支持 M2M 服务在功能和能力方面的增强；OMA 定义与系统无关的、开放的，使各种应用和业务能够在全球范围内的各种终端上实现互联互通的标准；OPC 基金会定义的 OPC UA 协议，为工业自动化的应用开发，提供了一致的、统一的地址空间和服务模型，避免了由于设备种类和通信标准众多给系统集成带来的巨大开发负担。

5. 共性技术类标准方面

ETSI 在 2008 年 11 月成立 M2M 技术委员会（Technical Committee，TC）。M2M TC 主要工作内容包含 M2M 设备标识、名址体系等；EPCglobal 推出了电子产品编码标准，也是 RFID 技术中普遍采用的标识编码标准；IETF 制定了互联网的域名解析系统（DNS）、IPv4/IPv6 的相关标准；OGC 推出了传感器建模语言（Sensor Model Language）、传感器标记语言（Transducer Markup Language）、观测和测量（Observation and Measurement）等一系列描述传感器行为、传感器数据、观测过程的语言标准；世界海关组织（World Customs Organization，WCO）在 1983 年 6 月主持制定的一部供海关、统计、进出口管理及与国际贸易有关各方共同使用的商品分类编码体系；联合国统计委员会制定了《CPC 暂行规定》，该规定为商品、服务及资产统计数据的国际比较提供一个框架和指南；ISO/IEC 开展了编号为 29180 的泛在传感器网络安全框架标准项目；IEC TC65 WG10 工作组的工作范围为网络和系统安全，开展了 IEC 62443《工业过程测量、控制和自动化　网络与系统信息安全》系列标准研制；ZigBee 联盟在标准体系中定义了安全层，以保证便携设备不会意外泄露其标识，并保障数据传输不会被其他节点获得。

9.3.4　我国物联网标准制定情况

我国物联网标准的制定工作虽处于起步阶段，但发展迅速，物联网标准化组织纷纷成立，标准制定数量逐年增长，具体的制定情况如表 9-1 所示。

表 9-1　我国物联网制定标准情况

标准类型	标准制定情况
基础类标准	成立"总体项目组"，研制我国物联网术语、架构、物联网测试评价体系等标准
感知类标准	制定了超过 500 项仪器仪表及敏感器件行业与传感器直接相关的技术标准；建立了 RFID 标准体系；制定了传感器的接口标准、生物特征识别的公共文档框架、数据交换格式、性能测试等标准；制定了音频、图像、多媒体和超媒体信息编码标准
服务支撑类标准	SOA、Web 服务、云计算技术、中间件领域的标准制（修）订工作；物联网信息共享和交换系列标准、协同信息处理、感知对象信息融合模型的研究；开展我国大数据、云计算标准化工作
业务应用类标准	在公共安全领域、健康医疗领域、智能交通领域、智能制造领域、农业、林业以及环保领域开展相关标准化工作
共性技术类标准	研制物联网编码标识、物联网安全基础技术标准

1．基础类标准方面

国家物联网基础工作组成立"总体项目组"，研制我国物联网术语、架构、物联网测试评价体系等标准。

2．感知类标准方面

我国制定了仪器仪表及敏感器件行业与传感器直接相关的技术标准超过 500 项；建立了一套基本完备的、能为我国 RFID 产业提供支撑的 RFID 标准体系，完成了 RFID 基础技术标准、主要行业的应用标准等工作；制定了传感器的接口标准，定义了数据采集信号接口和数据接口；制定了生物特征识别的公共文档框架、数据交换格式、性能测试等标准；制定了音频、图像、多媒体和超媒体信息编码标准。

3．服务支撑类标准方面

SOA 标准工作组开展 SOA、Web 服务、云计算技术、中间件领域的标准制（修）订工作；物联网基础标准工作组开展物联网信息共享和交换系列标准、协同信息处理、感知对象信息融合模型的研究；大数据工作组统筹开展我国大数据标准化工作，云计算工作组开展我国云计算标准化工作。

4．业务应用类标准方面

在公共安全领域，2011 年 3 月，我国成立了公共安全行业物联网应用标准工作组，并将标准化项目列为国家支持的公共安全国家物联网示范工程组成部分。

在健康医疗领域，2014 年卫计委申请筹建医疗健康物联网应用标准工作组，并推进《医疗健康物联网应用系统体系结构与通用技术要求》等 11 项医疗健康物联网标准制定工作。

在智能交通领域，我国成立了物联网交通领域应用标准工作组，开展（车辆远程服务系统通用技术要求）等交通物联网相关标准化工作；还相继成立了"数字电视接收设备与家庭网络平台接口标准"工作组、"资源共享、协同服务标准工作组"和"家庭网络标准工作组"开展相关标准化工作。

在智能制造领域，工业和信息化部、国家标准委于 2015 年 12 月 29 日联合发布了《国家智能制造标准体系建设指南》。

在农业、林业以及环保领域，我国分别成立农业物联网应用标准工作组、林业物联网应用标准工作组、环保物联网应用标准工作组，开展了农业、林业、环保物联网术语等林业物联网相关标准化工作。

5. 共性技术类标准方面

国家物联网基础工作组下设"标识项目组"，研制我国物联网编码标识基础技术标准；"国家物联网安全项目组"，研制我国物联网安全基础技术标准；"电子标签标准工作组"，目的是建立中国的 RFID 标准，推动中国的 RFID 产业发展。

9.3.5　未来制定标准

标准的制定和产业推广是一项长期工作，没有最终的标准，它会随着物联网产业的发展不断制定、修订和完善。物联网标准是以物联网技术和产业发展为基础，物联网涉及技术领域繁多、应用领域多样、产业规模庞大，这些特点都决定了物联网标准的制定任务艰巨。同时，不同国家、地区、联盟在标准制定方面竞争激烈，这使不同标准之间的协作、协调工作难度更大。但是，随着物联网技术的进步，物联网产业的发展，物联网领域的标准一定会朝着统一、协调的方向发展。

物联网标准工作急需解决的问题如下。

（1）在基础类标准方面，解决概念不统一、标准不兼容等问题，统一物联网术语、体系架构、参考模型和需求等总体标准。

（2）在共性技术类标准方面，解决缺乏系统的物联网安全、标识等共性标准体系规划，现有标准不能满足物联网发展需要的问题，系统规划共性标准体系，研制安全、标识等新的物联网共性标准。

（3）在感知类标准方面，需尽快突破关键技术，解决感知类标准小、杂、散的问题。

（4）网络传输类标准相对成熟，基本可以满足初期物联网应用发展需求，但随着物联网技术的发展，需对现有标准进行优化增强。

（5）在服务支撑类标准方面，继续完善现有应用支撑标准，同时研制针对物联网应用的支撑标准。

（6）在业务应用类标准方面，现有标准条块分割现象突出，多数物联网应用领域标准缺失严重，需加强标准组织之间的协调，并启动相关标准的制定工作。

9.4

物联网商业化探索

9.4.1 物联网走进商业化生活

随着物联网技术的快速发展及广泛应用，传统的商业环境和商业规则被彻底颠覆。物联网企业的成败不仅在于物联网技术，还取决于它是否有有效的商业模式。要了解物联网企业的商业模式是否有效，首先要弄清楚物联网产品和传统产品的区别：智能互联与产品之间不是孤立的，而是联结的。

产品的联结形式主要有 3 种：一对一，一件单独的产品通过接口或交互界面与用户、制造商或其他产品联结；一对多，一个中央系统与多件产品进行持续性或周期性的联结；多对多，多个产品与其他类型的产品或外部数据源联结。产品联结有两个目的：信息可以在产品、运行系统、制造商和用户之间联通；通过联结，产品的某些功能可以脱离物理装置，在所谓的"产品"云中存在。

智能互联产品不但能重塑一个行业内部的竞争生态，更能扩展行业本身的范围。除了产品自身，扩展后的行业竞争边界将包含一系列相关产品，这些产品组合到一起能满足更广泛的潜在需求。单一产品的功能会通过相关产品得到优化。因此，行业的竞争基础将从单一产品的功能转向产品系统的性能，而单独公司只是系统中的一个参与者。

不仅如此，行业边界还会继续扩展，从产品系统进化到包含子系统的产品体系——不同的产品系统和外部信息组合到一起，并相互协调，从而整体优化，就像智能建筑、智能家居甚至是智慧城市。

智能互联产品带来的网络效应对不同行业的影响也各不相同，但大趋势已日渐清晰。首先，行业进入壁垒的提高，加上早期积累数据带来的先发优势，很多行业将进入行业整合期。其次，在边界快速扩张的行业，行业整合的压力会更大。单一产品制造商很难与多产品公司抗衡，因为后者可以通过系统优化产品性能。最后，一些强大的新进入者会涌现，他们不受传统产品定义和竞争方式的限制，也没有高利润的传统产品需要保护，因此他们能发挥智能互联产品的全部优势，创造更多价值。一些新进入者甚至将采用"无产品"战略，打造联结产品的系统将成为他们的核心优势，而非产品本身。

智能互联产品还会重新定义行业边界。智能互联产品不但会影响公司的竞争，更会扩展至整个行业的边界。竞争的焦点会从独立的产品，到包含相关产品的系统，再到连接各个子系统的体系。例如，一家拖拉机制造商可能要在整个农业机械领域内竞争。

当我们身边各种各样的智能硬件通过互联网延伸组合成为物联网之后，它们不仅仅在功能上成为经济中重要的一部分，同时它们还串联起了很多其他相关联的产业并为其注入新的活力。物联网与各种产业的配合，将会为我们提供许多从前只有科幻电影里面才有的产品与服务。物联网在当今形势下已经成为每个企业绕不开的一个主题，消费级产品、工业级产品、商业化产品和基础设施产品的同时涌现已经将物联网从一个学术命题变成了触手可及的商业主题。也就是说，物联网将会像互联网一样剧烈冲击整个商业世界，而且这一势头已经初有端倪，并将快速在我们的生活中扩展开来。但是，如果物联网产品没有创造足够的经济价值，那也就没有人会为这个热门的概念买单了。在商业化应用过程中，我们应当仔细衡量连接设备带来的收益和前后端多投入的物联网化改造成本。

9.4.2　物联网目前的商业发展趋势

物联网产业链涉及政府部门、科研院所、芯片生产商、终端生产商、系统集成商以及电信运营商等环节，因此，根据物联网自身的商业特点以及各参与主体的角色关系，物联网的商业模式可进行如下划分。

1. 根据扮演角色划分

根据在商业模式中扮演关键角色的不同，可以把物联网商业模式分为政府主导模式、运营商主导模式和系统集成商主导模式。

政府主导模式一般是由政府等公共部门搭建平台，消费者租用或者购买平台及相关的软、硬件产品，并支付一定的费用。在各国纷纷布局物联网的背景下，物联网产业的快速发展离不开公共部门的政策支持。在某些领域，投入成本高、投资回收慢，只有公共部门先行投资、示范，相关企业才会逐渐进入。同时，在物联网发展的初期，物联网技术还没有大规模商业化的情况下，市场需求不足，此时还是以政府需求为主。政府主导模式并不是只有物联网发展初期才会出现，它会贯穿物联网产业发展的始终，因为从其他产业发展的情况看，民生应用领域的需求方还是以政府等公共部门为主。

运营商主导模式是电信运营商占据主导地位，无论是平台的建设、维护，还是业务的开发和推广，都是以电信运营商为主力。运营商主导模式还可以细分为运营商直接提供网络连接模式、运营商合作开发推广模式和运营商独立开发推广模式。在这些模式中，电信运营商不断向产业链两端延伸，扩大自身在产业链中的价值，并通过构建 M2M 平台和模块 / 终端标准化，进而通过模块的补贴、定制、集采，逐步让集成商接纳运营商的标准，进而将行业应用数据流逐步迁移到运营商的平台上。

系统集成商主导模式是以拥有较强软、硬件开发能力的集成商为核心的商业模式。这类系统集成商一般存在于壁垒高、对应用要求复杂的行业。

该商业模式主要适用的用户是企业客户，实际的应用类型以采集类为主。

2．根据付费主体划分

根据付费主体的不同，物联网商业模式可以分为政府付费型、企业付费型、广告主付费型、用户付费型、数据使用者付费型。

在物联网普及的初期，尤其是面向民生类行业的物联网应用主要是由政府和企业付费，例如公共事业缴费、智能售货等领域。广告主付费型物联网商业模式继承了互联网商业模式，广告主为付费对象，用户免费使用内容或服务，只需向电信运营商支付一定的流量费用。用户付费型物联网商业模式是未来物联网主要商业模式，最终消费者为物联网终端、应用或者通信通道支付费用。数据使用者付费型物联网商业模式是建立在物联网产生的大规模数据并能够交易的基础上的，在这种模式下，物联网的最终消费者不需要支付费用，而由数据使用者支付费用。

和其他产业一样，物联网商业模式也有一个从不成熟到逐渐成熟的过程。在物联网发展的初期阶段，物联网还是以公共应用为主，由政府主导。随着物联网技术的发展，市场的逐渐成熟，物联网应用逐渐由政府主导转向企业主导、最终消费者主导，合作将成为最主要的市场关系模式。

现阶段，人们关注更多的还是物联网关键技术的突破、物联网标准的制定、物联网政策的制定以及物联网发展带来的商业机会，但业界对物联网商业模式设计和创新并不关注，这也成为阻碍物联网发展最主要的原因之一。

现有物联网商业模式还存在着如下问题。

（1）多数商业模式还处于设想阶段，缺乏实践的验证。现阶段的物联网商业模式大多还是复制互联网已有的商业模式，没有成功商业案例的验证。因此，现有的物联网企业盈利者寥寥，有些商业模式只是吸引了投资者，还没有获得成功。

（2）市场前景广阔，但市场需求不足。物联网产业规模巨大，但目前物联网产业还是主要由政府等公共部门以及企业推动，最主要的市场需求也主要来自政府部门，自发的市场需求仍然不足。这主要是因为现有的物联网技术仍不够成熟，应用仍然不足，距离最终消费者仍然较远。物联网市场需求的不足导致物联网的成功商业模式匮乏。

9.4.3　物联网经济深度探究

举个简单的例子，如果我们推出共享干洗机服务并将洗衣机联网，你可以通过手机控制洗衣机下单并且设定洗衣模式和洗衣时间，你会为这次干洗服务多付 50 元钱吗？在目前的市场上来说，其实客户付费的欲望不是很强烈。在大多数情况下，我们见到的只是简单连接到互联网的设备，并不能为我们提供符合其成本等级的服务。物联网化提供的这些体验对于消费者来说，并不能改变他们的消费方式，他们会将这种物联服务看作是一种尝鲜的服务或者是奢侈消费。

所以，事实上我们现在看到的物联网命题都不成立。我们可以将某个产品连接到物联网，但这并不意味着市场现在需要把它连接到物联网并实现盈利。价值的创造多数时候应该是基于一个成熟的商业收费模式，而不是基于连接网络这样的物理特性。现在的消费级市场充斥着这样联网设备的概念，当然会有少数的猎奇者购买这些产品，例如一个随时连接网络和你手机的一个保温杯（这可能是一个新潮保温杯），但是能卖出去多少呢？新潮人物和有好奇心的测评媒体也许会买单，或许能卖出几百个。商店里出售的那些宣称联网的水杯、门锁、恒温器要比它们的前身贵好多倍，这些产品的价格和它们所带来的功能并不匹配，在更多时候，人们还是会偏向于购买传统的保温杯。

同样的问题也出现在商业级别的物联网产品上。尽管有很多方式去分摊购买这些产品的成本，但是从中能获得多少产出其实还是未知数。所以，并不是所有的连接设备都能有资格称为物联网时代的产品。只有那些充分发挥联网功能创造新的价值，改变商业社会的产品才能真正意义上被称为物联网产品。

9.4.4　物联网的价值

当谈到物联网落实到生产中时，每个工厂都想知道投资回报率（ROI）会有什么改变。但在大多数情况下，我们能够得到的答案是特定于某个应用场景，并且局限于试图解决的问题。罗克韦尔自动化公司的首席技术官苏杰特·昌德（Sujeet Chand）曾说过："以减少设备停机为例子，全美国范围内只要减少 10% 的停机时间，都将转化为数十亿美元的生产力。其他例子如优化能源消耗，如果我能用物联网在许多点上测量能量，我就能知道能量消耗在哪里，并能发现意想不到的能量消耗点。了解这些问题将有助于公司采取措施解决问题，减少能源消耗。"在这两种情况下，资产监控可以避免设备停机，能源监控可以减少消费。

但是公司的收益究竟能改善多少，取决于公司如何回应物联网所揭示的经营中的问题。尽管如此，ROI 仍然存在，物联网可以给部属企业带来的价值点包括：

- 降低经营成本；

- 提升利润率；

- 将业务流程化自动化；

- 提升设备运行时间与使用寿命；

- 设计新的商业模式；

- 可以落实更科学的市场策略；

- 研发高科技产品，改善供货能力；

- 为企业提供更多的用户行为信息。

例如，预测性维护可以通过减少计划外的停机时间，并以此来降低成本。或者，通过物联网的管理增加了设备运行时间。无论使用哪种方式都能促进生产和提升效率。新的商业模式可以吸引越来越多不同需求的客户，而新服务的交付方式可以提高客户满意度和便利性，降低运营成本。新的市场策略可以打开以前无法有效解决的市场。通过物联网收集的丰富信息，关于产品和客户对这些产品的使用数据，可以帮助企业开发新的和改进的产品，吸引更多不同的客户。

如今，物联网最引人注目的业务案例是预测性维护。自动化和工程服务提供商艾默生过程管理（Emerson Process Management）的前任主席约翰·贝拉（John Berra）解释说："分散型和流程型制造商使用数千台发动机、水泵和压缩机。所有这些旋转设备都经常发生故障，从而中断生产、增加成本、产生不安全的因素。物联网提供了一个早期预警系统，令操作者在问题变得严重之前可以采取行动。预测智能在单个设备级别上也很有价值。物联网被用于农业设备、医疗设备等。例如，核磁共振扫描仪的停机成本是巨大的。"

有了物联网，传统制造商为其业务构建服务模型的想法似乎突然间开始流行起来，物联网成为一个重要的收入增长考量因素。

物联网使向服务模式的盈利转变以及将生产环境数字化的相应能力成为可能。一个数字模型可以极大地促进服务模型的发展，而回报是巨大的。2015 年，思科公司对平均市值 200 亿美元的制造业公司进行了一次经济分析，采用新的服务模型促进这些企业 3 年内的利润增长 12.8%，未来 10 年内，其收入将增长 19%。

然而，我们的调查对象很清楚自己面临的数字化挑战。当被问及未来 3 年哪种技术将会改变他们的管理或生产方式时，回答中排在前三位的技术分别是云计算（37%）、物联网（33%）和大数据分析（32%）。另一个很好的例子是，为了提高生产质量和产量，提高矿工的安全，同时尽量降低成本，某公司启动了一项物联网技术，跟踪矿工和运输车辆的位置，监控运输车辆的状态，并实时监控瓦斯。回报是惊人的：产量从 50 万吨增至 200 万吨，公司两年内在远距离通信上节省了 250 万美元，矿工的安全有了实时的保障。

9.4.5　物联网创造价值的路径

物联网已经有许多被实践的应用模式，可以帮助用户避免在构建解决方案时陷入手足无措的困境。

• 连接操作：当用户需要连接智能硬件时，网络行业将不断发展并增强在物联网解决方案中连接和通信设备的模式。当然，还有 IP 网络、云计算、雾计算及区块链。

• 远程操作：工厂的生产线突然中断，安全生产警报提示某一设备退出运行模式，需重新启动，但你不知道具体是哪一个设备，因此需要派维修人员到车间检查所有的设备，无疑这将花费大量的时间和人力成本。如果使用了物联网，设备安装了智能硬件，进行远程操作就可大大降低运营成本和维护成本。

* 预测分析：当用户拥有的数据超过可以手动处理的数量时，或者当数据以很快的速度变化时，或者数据很少变化，用户希望只有当它变化时才通知时，物联网会充分发挥作用。预测性分析使远程工作人员能够识别、理解并快速地对这些数据采取正确的操作。

* 计量和测量：当需要监视和测量事物时，通过物联网，仪表和测量装置可以与各种控制器连接，它们不仅能捕捉读数，而且与控制器一起，根据信息（如识别阈值）进行计算和做出基本决策。

* 物联网即服务：当寻求机会利用物联网创建新的业务模型时，它将关注点从独立产品转移到基于服务的产品。其结果是更好地与客户接触，增加额外的收入。

* 远程控制机器和设备：通过物联网远程控制机器和设备，可以减少工作人员的差旅时间和费用，也可以预防事故和其他风险。同时，还可大大提高生产力、生产效率以及日常运营水平。这种模式不仅涉及设备，还涉及各种机器和机器人。

* 工业控制区：当在多个制造站点或公用事业变电站控制作业时，会面临雇员、承包商和设备供应商要求访问这些站点和本地网络的情况。访问权限可以限制为不同的访问级别，如只允许部分员工使用区域内的某些设备或企业网络中驻留的资源。

随着物联网应用的不断扩大，新的应用模式将继续出现。当寻找物联网的回报选项时，可以分析收集到的数据并查看它是否适用于上文描述的任何模式，然后在以下关键领域寻找回报。

1．人力效率提升

（1）通过提升信息传输能力提升工人工作容量。

（2）减少花费在路上的时间。

（3）减少停机时间。

（4）远程服务。

2．商业流程化

（1）实时、有效地数据抓取。

（2）远程监控。

（3）预测分析。

3．收益提升，创造新的商业机会

（1）新的市场策略。

（2）数据服务。

9.4.6　物联网改变商业模式

当企业通过良好的产品创造了价值之后，需要一个良好的转换方式才能有机会让创造的产品支撑良好的愿景走下去。针对物联网产品的特殊性，可能会有很多种方式来售卖产品或者服务。

尽管物联网产品看起来新鲜有趣，但是由于它的价格往往比同类传统产品高很多，所以卖给消费者的这些产品必须通过创新商业模式来尽力拉近与传统商品之间的价格差距。通常使用的方法有两种：一是出售数据服务；二是出售某些功能服务。

希望通过精准营销提升市场地位的广告商、保险销售商等通常都竭尽全力获取一些个人数据，用来识别目标群体并进行营销。这些商家会对物联网产品收集到的信息非常感兴趣，因为许多看起来没有任何关联的数据都能变成有价值的数据。例如，通过获取用户家里空气净化器预约开启的时间数据就能推断出用户的工作类型，从而为用户推荐相应的商业人寿保险。

另一种出售服务提升销售量的思路类似于通信服务商通过与用户签订服务合约赠送手机的方式，即利用均摊方式收取一些附加服务费，把消费者认知内的物联网硬件获取成本降到最低，甚至几乎为零。

但是，这只是我们希望使用的一种商业方式，在实际操作过程中，也会产生很多不足。

1. 一次性买卖

这是最为稳妥的一种商业模式，和之前卖出传统产品的方式一模一样，并不需要做出什么改变。但是高出来的费用会通过提供各种物联网增强体验服务来让消费者觉得自己的钱没有白白浪费在一个噱头上。例如，所有的特斯拉汽车都有联网能力，并且特斯拉公司可以随时随地为特斯拉车主自动提供免费无人驾驶软件功能更新、车内娱乐系统更新以及其他功能升级服务。除了这些服务，特斯拉公司还能提供很多的数据分析服务，如无人驾驶中的图像分析、驾驶员体态感知、驾驶员互动等。作为一台以软件功能为亮点的汽车，这种特性对消费者有着非常大的吸引力，他们愿意付出更多的钱来为这种服务买单。

因此，有时候在发布物联网产品时，并不需要对原有传统消费产品模式进行修改。借助已有的商业与分发模式，通过添加物联网产品的特色服务也能吸引到足够多的用户。

2. 产品 + 数据服务

这种模式除了出售硬件产品之外，还可以在产品使用中收集到的数据上做文章。经过加工处理，这些在使用过程中产生的数据可以作为数据服务出售给企业。举个简单的例子，假如你是一个生产物联网轮胎的生产商，轮胎可以记录温度、磨损度、周期数、压力、卡车位置等有用信息，现在出售轮胎的同时，如果推出可选的数据信息分析服务，可选服务就会为你创造很大的价值。例如，出售一批轮胎给物流车队，车队的管理员会极其关心轮胎情况：能使用多久，磨损程度多大，是否安全，实时的监控服务能否有效降低车队事故率并提高工作效率。这时，数据服务对于车队的管理员就有着非常巨大的吸引力，因为他明白购买服务的钱远远低于事故发生后他所必须付出的损失。通过这种利用数据的方式，我们也可以轻而易举地拓展产品的销路并提高企业的盈利能力。

3. 单一服务型

这种商业模式更多应用在高价值的物联网产品上，在过去我们将它称为租赁模式。例如，为了提高资金流转率，各大航空公司基本上不会全额购买一架飞机，而是采用从生产商或者资产公司租赁的方式获得飞机的使用权。在物联网中也一样，只不过这种服务费用的收取范围就不只局限于硬件，同时可以开展软件服务费、数据分析服务费等业务来增加收入，并且向消费者提供灵活的消费方式。例如，如果把飞机引擎做成物联网产品，我们不仅可以向航空公司提供引擎租赁服务，还能够为航空公司提供实时的燃油效率分析，与速度、海拔、负载等数据结合，就能为航空公司提供更大的价值，因此航空公司也愿意为这项服务付费。

4. 产品 + 增益型服务

举个例子，在我国北方的草原上有很多大型风电场，这些风电场每年至少为全国提供 5% 的电力。影响整个风电场发电效率的因素有很多，如风扇扇叶角度、不同风速下涡轮的发电效率、不同发电机的分布。这时"产品 + 增益型服务"意味着什么呢？首先可以向发电厂的建设方提供物联网产品，并随时利用风场上产生的各种数据来对发电厂的经营提供最优的分析。除了出售产品的收入外，其他收入可来自于通过调整生产方式提升的用户经营能力，并从中提成。这种情况下，生产商和用户就成为连接紧密的利益共同体。此外，这种模式要求生产商拥有较为丰富的产品线，能够为整个项目提供足够多且多维的数据。

5. 纯增益型服务

在这种商业模型下，供货商的角色更像是客户项目的大管家，从建设到经营全部承包，通过一整套的解决方案来提升经营效率。当然，与上一种模式不同的是，这时供货商只收取业绩提成，并不计较投入的硬件成本，因此，会有比上述商业模型更高的提成率。这种模式针对的是产品不具备吸引用户的能力，或者产品本身有能力但是分析经营能力较弱的团队。

9.4.7　物联网改变用户关系

物联网的数据收集能力不仅会改变原有的商业模式，同时也会改变供应商和消费者之间的交互方式。通过硬件传回的数据，可以判断个人用户的生活习惯，也可以了解工业用户的生产方式。尽管以前我们同样可以花费一些精力在一种费时费力非量化的条件下实现同样的目标，但是那太过于耗费精力。难以想象，那些产品经理为了了解产品情况需要深入挖煤矿井和矿工交流。现在因为设备联网，产品经理只需要坐在办公室里就能看到实时的数据。这极大地改变了生产商与用户之间的关系。这种便利可以让生产商在用户抱怨之前就改进产品和服务，达到更好的应用效果；也可以帮助生产商提早发现潜在的威胁，为用户创造相应的价值。

过去销售人员和客户最有效的交流时间可能就是合同签订前的那段时间。一旦设备售出，大家就各忙各的，很少再沟通。但是物联网产品出现后，服务就变成了一项持续的工作。为了能够建立良好的口碑，供应商会利用客户的数据与商业模式进行分析，看看如何改进，或者了解他们可能遇到的经营困难并提出可行的解决方案。

因为物联网，生产商开始关注用户数据所带来的巨大机会，用户的长期价值开始成为厂商的掠夺对象。这种类似咨询的服务可以通过提高用户忠诚度并不断巩固客户关系来将自己的竞争者排除在市场之外，同时也有可能因为自身能力不足被其他竞争者比下去。

这种越来越亲密的关系会将供应商和客户高度捆绑起来。在捆绑程度较高的情况下，供应商会成为整个用户项目中的关键一环，帮助提升整个企业产出。如果捆绑程度更高，供应商会帮助用户全盘接管项目，利用自身的数据分析能力极大地提高整个项目收益，并从中抽取自己应得的利益。这听起来更像商业合作，但事实上确实如此。新的技术出现帮助买卖双方拉近了距离，并产生了高于买卖关系的互动，为彼此创造价值，这在以前的商业社会中是没有的。

9.4.8　物联网总结发展关键要素

随着物联网技术的逐渐发展，构建有效的物联网商业模式成为物联网企业成功的关键。很难预测，未来有效的物联网商业模式是什么样，但战略竞争之父——迈克尔·波特发表在《哈佛商业评论》上的《物联网时代企业竞争战略》为物联网企业构建有效的商业模式提供了参考。

1．产品要素

对于物联网公司，商业模式中首先要考虑的是"产品"。要想取得竞争优势，必须明确开发智能互联产品的功能和特色。

智能互联技术大大扩展了产品的潜在功能和特色。由于传感器和软件数量的边际成本较低（添加新功能的关键部件），产品云和其他基础设施的固定成本相对较低，物联网公司容易陷入"功能越全越好"的陷阱。但是，物联网公司能够提供大量的新功能不代表这些功能的客户价值能超过它们的成本。

那么，物联网公司应该如何选择要发展的智能功能呢？首先，必须选择那些能为客户带来真正价值，且成本相对较低的功能。其次，对于不同市场分层，功能的价值也需各异。因此，在挑选功能时，必须先选择要服务的客户层。有的客户需要的方案只包括部分功能，有的客户则需要全面外包方案。最后,公司应该选择能加强其战略定位的功能。如果公司的战略定位是获取高溢价,那么提供全面的功能可以加强产品的差异化。相反,追求低成本的公司则应该选择那些影响核心性能的基本功能,实现较低的运营成本。

2. 数据要素

对于物联网公司来说,"数据"是公司经营成功的关键。在商业模式设计中,必须考虑公司如何采集、使用和管理数据。具体来说,应考虑以下3个方面的问题。

(1)公司应对哪些数据进行采集、保护和分析,从而实现客户价值最大化。

对于物联网公司的产品,数据是价值创造和保持竞争优势的基础。然而收集数据需要传感器,这会增加产品成本。同理,数据传输、存储、保护和分析也会提高成本。要想发现哪些类型的数据有最高的性价比,公司必须先明确以下问题:每一类数据如何为产品功能增添实际价值?数据如何提高公司在价值链中的效率?这些数据能否帮助企业理解并提升整个产品系统的性能?要优化数据功效,收集数据的频率应该是多少?数据保存的时间该多长?除此之外,公司还需要考虑产品的完整性、安全性以及每类数据涉及的隐私风险和成本。

公司选择的数据还要以战略定位为基础。如果公司的战略聚焦于提升单一产品性能或降低服务成本,那么它通常需要收集实时的、能立即产生价值的数据。

(2)公司应如何管理产品数据的所有权和接入权。

当公司选择需要收集和分析的数据后,它必须选择如何保护数据的所有权以及如何管理数据接入权。其中的关键在于搞清楚谁是数据的所有者。产品的制造商可能掌握产品的所有权，但产品所产生的数据可能为客户所有。对于数据的所有权，公司可以追求产品数据的完全所有制，也可以采用数据共同公有制。另一种是选择建立数据分享框架，为部件供应商提供运行状态和性能等数据，但对地理位置等信息保密。限制供应商接入数据也有弊端，供应商无法全面地理解产品如何被使用，因此会拖慢创新流程。

（3）公司是否应该开展新业务，将数据出售给第三方。

在物联网时代，公司会逐渐发现，其积累的产品数据不仅对客户有价值，对第三方实体也非常有价值。公司也可能发现，除了用来优化产品价值的数据，还能收集更多的对第三方实体有价值的数据。无论哪种情况，公司都有可能基于这些数据开展新的业务。

当公司决定挖掘产品数据中的新价值时，必须考虑核心客户对此的反应，有些客户可能不在乎这些数据，而有的客户可能非常重视数据的隐私和其他用途。在向第三方提供数据时，公司必须建立严密的甄别机制。

3. 云要素

物联网公司的产品与其他行业应用很大的不同是它们对云技术的运用，因为它们可以把产品的功能（或部分功能）部署在云端。那么，对于物联网公司来说，产品的多少功能应部署在云端呢？

公司必须决定每一种功能应该内置在产品中（会提高每一件产品的成本），还是通过云端提供，抑或是同时采用两种方式。除了成本这一因素，还应该考虑响应时间、自动化程度、网络的状况、产品使用地点、用户界面以及服务和产品升级的频率等因素。

具体来说，如果需要快速响应的功能、完全自动运行的功能以及减少产品对网络依赖的功能，则应将软件嵌入物理产品中，这种方式能降低互联失效或减速带来的风险。将软件内置到产品中，可以减少产品对网络的依赖，产品与云中应用之间传输的数据量也最小，这样可以减少敏感或保密信息泄露的风险。在偏远或危险地区使用产品、用户界面复杂且变动频繁，以及服务和产品升级频率高时，物联网公司应将功能部署在云端。如果在偏远或危险地区使用产品，将功能搭载在云上可以降低成本和危险系数。如果产品的用户界面非常复杂，且需要频繁变动，将交互界面存放在云端可以方便公司对产品进行自动升级和变更。

4．系统设计要素

物联网商业模式在构建的过程中，应将公司作为一个系统进行考虑，而且公司应确定系统的开放性、与外界的合作深度以及渠道策略。

（1）公司应采用开放系统还是封闭系统？

开放系统和封闭系统各有利弊。在封闭系统中，关键的界面都是独家控制的，只有选定的合作方才能接入。封闭系统能让公司对系统所有组成部分的设计进行控制和优化，从而获得竞争优势。除了保持对技术和数据的控制，公司还能控制产品和产品云的发展方向。封闭系统需要数额巨大的投资，而且只有在公司处于绝对行业统治地位，能控制所有部件供应时，才能发挥最大效应。完全开放系统允许任何实体参与到系统或与系统进行交互。如果发展得当，开放系统也能成为整个行业的标准，但没有任何一家公司能独占大部分利润。

当然，开放系统还是封闭系统并不是非此即彼。除了上述两种模式，公司还可以采用混合模式，将一部分功能开放，同时对完全功能的使用进行限制。随着技术的扩散以及客户对选择限制的日益抗拒，封闭系统将面临越来越多的挑战。

（2）对于智能互联产品的功能和基础设施，公司应进行内部开发还是外包给供应商或合作伙伴？

选择内部开发的公司能掌握关键的技术和基础设施，并能更好地控制产品的特色、功能和数据。此外，还能获得关键的先发优势，并影响技术的发展方向。对于内部开发的公司，学习曲线更加陡峭，这有利于保持竞争优势。但大多数制造企业并没有发展自己软件的能力。基于上述原因，智能互联的早期先行者都选择了内部开发的道路。也有一些先行者高估了自身实力，选择内部开发来保持领先地位，最后反而拖慢了前进的步伐。

外包模式也并非完美无缺，它会带来新的成本，而且供应商和合作伙伴会分走更多的产品价值。在选择"自建"还是"购买"时，公司必须保留那些能引领产品、未来创新和竞争优势的技术，将那些可以商品化或迭代速度快的技术外包。一般来说，在用户界面、系统工程、数据分析和快速产品应用开发等领域，企业要保证过硬的内部实力。

大部分成功的公司选择的是两种方式的融合。这些选择也并非一成不变，在智能互联的起步期，有实力的供应商数量有限，因此公司别无选择，只能选择内部开发或定制。如今，在互联系统、产品云、应用平台以及数据分析等领域，一批在各自领域占统治地位的供应商正不断涌现。在这种环境下，内部开发的速度很难跟上外部供应商的脚步，如果公司执意不改，早期的优势甚至会变为劣势。

（3）对于分销渠道或服务网络，公司是否应该采取部分或全面的"去中介化"战略？

智能互联产品为公司带来更直接、更深入的客户关系，这降低了对分销渠道合作伙伴的需求。将中介的作用最小化，公司能获取更多的收入和利润。直接向消费者宣传产品的价值，公司能加深消费者洞察、强化品牌影响力和用户忠诚度。

尽管去中介化有明显的优势，但在很多行业中，邻近的地理位置依旧受到客户的重视，甚至是必不可少的条件。一旦选择去中介化，那些实力强大的渠道伙伴就有可能投向竞争对手的阵营。此外，要替代合作伙伴的工作，例如直销和售后服务绝非易事，这些业务不但初始成本高，公司还需要在价值链中的其他职能大量投资，例如销售、物流、库存和基础设施等。

9.4.9 物联网竞争分析

当企业打算进入一个全新的市场时，就必须要看清楚整个市场里都有哪些玩家，这样才能明白整个市场的竞争局势如何、各家策略如何，自己的实力在哪里，优势有哪些。只有这样彻底的想明白，代表着新型经济模式的物联网公司才能够很快地在市场站稳脚跟。

1．与传统厂商竞争

物联网产品在诞生时就注定要面对传统产品的竞争。随着传统厂商的产品物联网化升级，对于物联网的创业公司来说，整个竞争氛围将会不断升级。先是与传统产品竞争市场，之后是物联网产品之间相互竞争，最后升级到物联网生态系统竞争。这些传统厂商是没有技术优势的，在一个公平的市场里，你的优势就在于相对先发优势。拥有先发优势并不断保持，就能在与传统厂商的竞争中优先发布产品，优先制定行业规则，最终优先建立生态系统。

2．与同类竞争

同行不仅仅会在产品上紧追，同时也会和你竞争优先建立生态系统的机会。由于业务相同、目标相同，企业之间的竞争不仅仅是市场的争夺，甚至可能是生死之战。此外，同类竞争还可能来自其他行业你从来没当作竞争对手的那些公司。举个例子，你想过恒温器会和你的智能门锁、智能灯，以及智能安防摄像头成为竞争对手吗？但事实上他们确实是，因为他们针对的目标消费对象都是家庭为主的消费级用户，他们的目标都是在用户家里建立一个生态系统。因此在这种情况下，这些不同的厂商也需要在建立生态系统上争分夺秒地进步。

3．与新兴玩家竞争

这些团队可能并没有在物联网行业的经验，但是他们有非常优秀的数据分析团队以及非常好的想法，他们同样会威胁到现有的物联网生产商。事实上我们可以将物联网产品分为两大类：一类是由高性能软件定义的产品，另一类就是普通的联网设备。第一种产品是新兴团队创业的良好开端，而防守姿态的物联网行业领袖则更擅长制造后面这种产品。所以在这种较量中，两者都需要发挥自己的优势，尽可能地制造好的产品来打开市场。